RÉPUBLIQUE FRANÇAISE

MINISTÈRE DE L'AGRICULTURE

ADMINISTRATION DES EAUX ET FORÊTS

EXPOSITION UNIVERSELLE INTERNATIONALE DE 1900

À PARIS

RESTAURATION ET CONSERVATION

DES TERRAINS EN MONTAGNE

ÉBOULEMENTS, GLISSEMENTS ET BARRAGES

PAR M. KUSS

INSPECTEUR DES EAUX ET FORÊTS

PARIS

IMPRIMERIE NATIONALE

MDCCCC

RÉPUBLIQUE FRANÇAISE

MINISTÈRE DE L'AGRICULTURE

ADMINISTRATION DES EAUX ET FORÊTS

EXPOSITION UNIVERSELLE INTERNATIONALE DE 1900

À PARIS

RESTAURATION ET CONSERVATION

DES TERRAINS EN MONTAGNE

ÉBOULEMENTS, GLISSEMENTS ET BARRAGES

PAR M. KUSS

INSPECTEUR DES EAUX ET FORÊTS

PARIS

IMPRIMERIE NATIONALE

MDCCCC

RESTAURATION ET CONSERVATION
DES TERRAINS EN MONTAGNE.

ÉBOULEMENTS, GLISSEMENTS ET BARRAGES.

CHAPITRE PREMIER.

TRAVAUX DE RESTAURATION.

Contrainte par la loi de restreindre dans une assez large mesure la création des forêts en montagne, l'Administration des eaux et forêts s'est attachée à poursuivre avec vigueur les travaux de restauration et de correction des torrents.

Nous ne reviendrons pas sur les explications théoriques, sur les définitions que tout le monde peut trouver dans la magnifique *Étude sur les travaux de reboisement et de gazonnement des montagnes*, de M. P. Demontzey. Cet ouvrage, publié en 1878, reste encore, après vingt années écoulées, le guide éclairé des reboiseurs.

Il est complété, pour tout ce qui concerne la partie mathématique, *Épaisseur et formes des barrages, etc.*, par le traité de M. Thiery, *Restauration des montagnes, correction des torrents, reboisement*.

Enfin, dans l'*Extinction des torrents en France par le reboisement*, M. P. Demontzey a donné le compte rendu, en 1894, de la situation du reboisement en France et des descriptions détaillées des torrents les plus importants en cours de correction. Il n'y a pas à y revenir.

Mais on nous permettra de rapporter quelques observations

spéciales que nous avons pu faire dans notre longue carrière de reboiseur.

Dans la correction d'un torrent, le but à atteindre consiste toujours, en fin de compte, dans la suppression, aussi complète que possible, du charriage des matériaux et principalement du charriage en masse sous forme de laves.

Ces laves ne pourraient évidemment pas se former si les torrents ne subissaient pas de crues et surtout, pas de crues subites et violentes, comme en provoquent les orages ou les brusques fontes de neige sur les versants dénudés. A ce point de vue, rien ne saurait remplacer l'action protectrice de la forêt.

Il est cependant des cas où l'action de la forêt serait insuffisante et particulièrement quand on se trouve en présence de glissements de terrains s'étendant à une grande profondeur, ou d'importants éboulements de rochers partant des régions supérieures des montagnes.

Il arrive aussi fréquemment que les besoins locaux interdisent provisoirement la création de forêts dans les bassins de réception et que cependant il soit urgent de protéger des intérêts généraux, tels que la circulation sur les voies ferrées et les routes, l'existence de bourgs ou de hameaux importants, le libre écoulement des eaux d'une rivière, etc.

Au début même, il a paru quelquefois nécessaire d'obtenir rapidement des résultats incontestables dans la lutte commencée contre les torrents, de façon à rassurer l'opinion publique en lui démontrant que le but poursuivi pouvait être atteint.

C'est alors qu'on a eu recours aux travaux de correction, dont l'exécution, n'affectant que très faiblement l'exercice du pâturage en montagne, n'a pas soulevé les mêmes protestations que le reboisement et a pu être poursuivie dans de bonnes conditions.

Origine des matériaux charriés par les torrents. — Les matériaux charriés par les torrents peuvent provenir, soit du décapage des terrains qui constituent leur bassin de réception et leurs berges, soit de glissements généraux ou locaux, soit d'éboulements, soit enfin du remaniement d'anciens dépôts torrentiels et plus particulièrement de ceux qui se sont accumulés sous forme de cône de déjection.

Les torrents glaciaires, auxquels nous avons consacré une notice spéciale, sont quelquefois alimentés par d'autres sources de matériaux; mais, comme ils sont relativement rares en France, il ne nous paraît pas nécessaire de revenir sur ce sujet.

Nous n'hésitons pas à affirmer que dans *tous les torrents* que nous connaissons, le rôle du décapage superficiel est absolument secondaire au point de vue du transport des matériaux, et que la principale source s'en trouve toujours dans un ou plusieurs glissements ou dans un éboulement important.

Travaux de restauration dans les bassins de réception. — Les parties d'un bassin de réception torrentiel entièrement dénudées, sans aucune végétation forestière ou herbacée, sont évidemment exposées à l'action des agents atmosphériques dont elles subissent l'influence dans toute son intensité.

Le gel et le dégel délitent les roches, soulèvent les terres; la pluie, la grêle intervenant entraînent avec facilité tous ces matériaux sans cohésion et reposant sur des pentes qui peuvent atteindre les limites les plus élevées.

A la violence des eaux s'ajoute l'action de la pesanteur qui précipite continuellement les blocs de rochers trop lourds pour être entraînés et qui, déchaussés peu à peu sous ces influences diverses, finissent par manquer de point d'appui.

Il est hors de doute que ces parties d'un bassin de réception en décapage actif doivent être englobées dans un périmètre obligatoire de restauration, car elles présentent bien tous les caractères d'un danger né et actuel.

On peut y exécuter, dès l'abord, des plantations et des semis, de façon à constituer, dans le plus bref délai possible, la forêt protectrice, ou tout au moins un gazonnement intensif.

Ces premières mesures demandent toujours à être complétées par l'établissement d'un certain nombre de barrages rustiques en pierre sèche, disposés dans le lit des petites ravines que creuse l'eau aussitôt que, suivant les lois générales, les filets liquides se sont rassemblés.

Ces petits ouvrages situés au sommet du bassin de réception et qui n'ont à résister qu'à une force naissante, peuvent affecter les formes les plus réduites, les plus rudimentaires. Leur rôle consistera simplement à empêcher les affouillements à leur début, et à provoquer l'arrêt des pierres et pierrailles entraînées par l'effet de la pesanteur.

Sur les dépôts ainsi obtenus, toujours plus profonds et plus frais que le reste du versant, la végétation sera plus active, le fourré se constituera plus rapidement et son action viendra bientôt s'ajouter à celle des barrages rustiques.

Les terres noires. — Le décapage superficiel est particulièrement difficile à combattre dans les combes de terre noire (schistes liasiques la plupart du temps) qui, dans certaines vallées, tapissent les flancs inférieurs des versants. C'est que, sur toute la superficie, la roche seule affleure, à peine recouverte de quelques millimètres d'épaisseur d'une fine poussière noire, entraînée à chaque pluie et se reformant avec rapidité sous l'action des agents atmosphériques.

Grâce à leurs apports continuels, ces combes donnent naissance presque partout à des lits fort surélevés, qui sont une menace perpétuelle pour les cultures de la plaine, et une difficulté pour le passage des routes.

Des efforts très sérieux ont été tentés pour en obtenir la correction, mais, nous devons en convenir, sans grand succès, jusqu'à présent. C'est que les pierres faisant totalement défaut, on a été obligé de recourir à des ouvrages en bois qui, exposés à des alternatives fréquentes d'humidité et de sécheresse, ne résistent pas assez longtemps pour permettre la constitution d'un abri protecteur.

Le principe des travaux de correction dans ces combes ne semble guère pouvoir être modifié. Il consiste essentiellement à maintenir dans le fond des ravins toutes les terres provenant du décapage superficiel, à y implanter une végétation forestière touffue qui, interceptant elle-même le passage de tous les matériaux, doit permettre aux plantations successives de s'élever progressivement jusqu'aux crêtes, en reposant toujours sur une certaine épaisseur de sol ameubli.

Dans ces terres noires, les fascinages, n'ayant rien produit, ont été remplacés par des clayonnages en branches de saules tressées au printemps ou à l'automne sur de gros piquets. On espérait que la végétation des saules serait assez active pour suppléer, au moment venu, à la disparition inévitable des piquets. Là encore, les résultats ont été des plus incertains, sinon totalement négatifs. On a enfin essayé de garnissages en branches dont l'effet, bien qu'avantageux dans certains cas spéciaux, ne paraît pas devoir conduire à la solution générale du problème posé.

On ne peut guère songer à construire des ouvrages en pierre, les matériaux, qu'il faudrait amener de fort loin, et souvent sur des rampes excessives, devant atteindre des prix hors de proportion avec l'importance des combes de terre noire à corriger.

Peut-être pourrait-on utiliser la roche non délitée, en l'exploitant sur place, l'employant de suite et la recouvrant d'un enduit qui la mette à l'abri du contact de l'air. Elle serait, dans ces conditions, susceptible de résister fort longtemps et rendrait peut-être tous les services qu'on est en droit d'en attendre. C'est un essai à entreprendre; nous le recommandons à la bienveillante attention de nos jeunes camarades.

Quoi qu'il en soit, la question qu'il importe d'élucider pourrait être posée dans ces termes : « Dans les combes de terre noire, comment maintenir d'une façon définitive et pratique dans le fond des ravins, tous les matériaux provenant du décapage superficiel? »

Parties d'un bassin de réception à comprendre dans un périmètre de restauration. — Enfin il arrive très souvent, presque toujours même, que l'on se trouve en présence de cas moins bien tranchés que ceux que nous venons d'examiner.

Ce sont des bassins de réception dont le sol, en majeure partie dénudé, est cependant entrecoupé de touffes de gazon qui peuvent être plus ou moins denses et plus ou moins volumineuses, de façon à présenter toutes les transitions entre la pelouse complète et l'aridité totale.

Ces terrains constituent les montagnes pastorales proprement dites exploitées pour entretenir le bétail en été.

On comprend que suivant l'état de la végétation qui les recouvre, ils soient soumis à un décapage plus ou moins intensif. En principe, quand ils alimentent un torrent dangereux, ils devraient presque toujours être englobés dans un périmètre obligatoire, de façon qu'il soit possible d'y installer la forêt, qui seule est capable d'empêcher une concentration trop rapide des eaux.

En pratique, il est indispensable de restreindre le périmètre pour l'accommoder aux nécessités de la vie pastorale. Rien ne prouve d'ailleurs que, dans un avenir peut-être rapproché, les conditions économiques venant à se modifier, les propriétaires n'offriront pas eux-mêmes la cession à l'État de tout le bassin considéré. L'expérience faite depuis une vingtaine d'années est très concluante à ce point de vue et permet tous les espoirs. Cette conséquence inattendue de l'application de la loi du 4 avril 1882 en commanderait à elle seule le maintien, dans ses dispositions générales relatives à la constitution des périmètres obligatoires de restauration.

Ainsi donc, chaque fois que le doute semblera possible sur la nécessité de comprendre certaines surfaces dans un périmètre, tranchons la question en faveur de la négative et attendons. Si à la suite des premiers travaux ou d'une aggravation des dégâts, ces mêmes surfaces apparaissent comme absolument indispensables pour obtenir la correction du torrent considéré, on pourra toujours, en fin de compte, procéder à une revision du périmètre primitif et on sera d'autant mieux armé alors pour démontrer l'existence d'un danger *né et actuel*, qu'on aura l'expérience des travaux déjà entrepris et d'observations poursuivies pendant plusieurs années.

Action des eaux dans les bassins de réception. — Dans toutes les parties stables, c'est-à-dire sans glissements de ces montagnes pastorales, les seules que nous envisagions pour l'instant, les eaux superficielles se rassemblent rapidement et creusent, au moment des crues, des ravins qui, d'abord à peine perceptibles, ne tardent pas à augmenter d'importance au fur et à mesure qu'augmente le volume des eaux.

On connaît, par les publications de nos prédécesseurs, toute la puissance d'affouillement que prennent ces eaux, d'abord claires ou à peu près, accumulées dans les ravins sur des pentes excessives. Nous n'avons pas à revenir sur cette question, aujourd'hui parfaitement élucidée.

Il nous suffira de constater que leur action se résume en un affouillement suivant le profil en long, c'est-à-dire un abaissement progressif du lit, d'où résulte une augmentation de hauteur des berges et un élargissement incessant des profils en travers du ravin dont les talus doivent nécessairement prendre la pente d'équilibre et, par conséquent, s'ébouler à mesure que s'accroît leur hauteur.

Cette double action, affouillement du profil en long et éboulement des berges, met en mouvement les premiers éléments importants du charriage des matériaux.

Il importe d'y remédier tout d'abord. C'est donc par cette région supérieure qu'on commencera la correction d'un torrent et il sera de toute nécessité de la comprendre dans un périmètre obligatoire.

Travaux de correction dans les bassins de réception. — Il est évident que dans toutes les parties où le sous-sol rocheux a été mis à découvert, il n'y a qu'à laisser les choses en état. Tout au plus devra-t-on, dans certains cas spéciaux, procéder à des défenses de rives au moyen de quelques gros blocs disposés au pied des berges et assez volumineux pour résister par leur propre poids à tout entraînement par les eaux.

En général, la roche n'apparaît pas dans ces ravins de montagne qui sont presque toujours creusés dans la terre mélangée de pierres et de pierrailles.

Leur profil est d'ordinaire fort évasé et le lit relativement large. Le but de la correction doit donc être uniquement de s'opposer à l'affouillement, sans chercher à obtenir un relèvement du lit parfaitement inutile. Il suffit, pour y parvenir, de construire quelques barrages rustiques entièrement en pierre sèche, de l'un quelconque des types déjà connus que l'on pourra d'ailleurs modifier à son gré. Dans le sens du profil en long, ces barrages pourront être disposés à une vingtaine de mètres les uns des autres, quand la pente ne dépassera pas 30 p. 100. On pourra les éloigner davantage avec une pente plus faible, et il sera, au contraire, nécessaire de les rapprocher dans des pentes plus fortes.

Quand le lit sera suffisamment large (6 à 20 mètres, suivant l'importance du ravin), ces ouvrages seront établis sans hauteur, c'est-à-dire que le milieu de leur couronnement sera, au parement amont, exactement au niveau de ce lit.

Ils constitueront alors simplement une série de points fixes qui opposeront un obstacle absolu à la modification du profil en long. Ils serviront en même temps par leur couronnement à guider les eaux et à les éloigner du pied des berges qui seront préservées de toute érosion.

Dans les premiers temps qui suivront la construction de ces ouvrages, malgré leur faible chute vers l'aval, il se produira toujours certains affouillements, d'un barrage à l'autre, par suite de l'entraînement des petits matériaux et de la terre qui les reliait.

Mais peu à peu, par l'effet du décapage superficiel des versants, ces petits matériaux seront remplacés par des pierres et pierrailles d'un plus fort volume et, en dernière analyse, on ne devra plus rencontrer qu'un lit, en pente uniforme, pavé de pierres.

Pour prévenir la disparition des barrages pendant l'affouillement des premières années, il sera nécessaire de leur donner une certaine profondeur de fondation, variable avec la nature du sol et suivant que l'intensité du décapage superficiel permettra d'espérer le remplacement plus ou moins rapide des matériaux enlevés.

Il sera toujours prudent de donner au moins 2 mètres de profondeur à ces fondations.

Si la pente du lit est de 3o p. 100, les ouvrages étant espacés de 20 mètres, la différence de niveau entre deux ouvrages consécutifs ressortira à 6 mètres, et, par conséquent, les barrages ne formeront pas une série se prêtant un mutuel appui, l'ouvrage inférieur ne pouvant empêcher l'affouillement de l'ouvrage supérieur. Aussi devons-nous insister à nouveau sur les conditions toutes spéciales qui motivent l'exécution d'une pareille correction, laquelle n'est possible que dans les parties supérieures des bassins de réception, dans de petits ravins en sol n'ayant aucune tendance au glissement.

En plan, ces barrages pourront être rectilignes ou curvilignes. Nous préférons de beaucoup les barrages curvilignes, ceux-ci ayant, dans la pierre sèche bien faite, l'avantage d'opposer une résistance supérieure à celle des ouvrages rectilignes où chaque pierre, sans lien avec sa voisine, n'agit pour ainsi dire que par son propre poids. Encore faudra-t-il avoir soin de faire disposer les pierres de la maçonnerie en voussoirs en se rendant bien compte que chaque barrage représente une voûte couchée sur le flanc.

En pratique, il ne faut pas donner moins de o m. 8o d'épaisseur au couronnement de ces barrages, celle-ci étant toujours mesurée au milieu du couronnement sur l'axe; et on doit, chaque fois que les matériaux dont on dispose le permettent, prescrire que le couronnement sera établi avec des pierres ayant l'épaisseur totale de l'ouvrage.

De là résulte la nécessité, pour éviter le travail trop coûteux des tailleurs de pierre, d'adopter des formes simples pour la section du débouché.

Celle qui, après expérience, nous a paru la plus pratique, consiste dans une surface plane horizontale de 1 mètre à 3 mètres de longueur de chaque côté de l'axe, suivant l'importance de l'ouvrage, prolongée par une seconde surface plane inclinée à 15 ou 20 p. 100 sur l'horizontale sur une dizaine de mètres de longueur et terminée par un encastrement dans les berges affectant une surface plane et horizontale.

Détermination du rayon de courbure des barrages. — Pour déterminer la courbure du parement amont, on prend un arc de cercle ayant pour corde la longueur totale de l'ouvrage à élever, et pour flèche le dixième de cette corde. Le rayon est alors égal à treize fois la flèche, ainsi qu'il est facile de s'en convaincre par la démonstration suivante :

Soit f, la flèche;

R, le rayon;

C, la demi-corde.

$$R^2 = C^2 + (R - f)^2 = C^2 + R^2 + f^2 - 2\,Rf.$$

$$2\,Rf = C^2 + f^2 \text{ ou remplaçant C par sa valeur} = 5\,f.$$

$$2\,Rf = 25\,f^2 + f^2.$$

$$R = \frac{26\,f^2}{2f} = 13\,f.$$

Cette courbure qui est un peu faible pour les petits barrages rustiques a cependant l'avantage de procurer un encastrement facile des ailes qui n'ont jamais de tendance à aborder tangentiellement les berges, comme il arrive avec des courbures plus prononcées.

Quand la disposition des lieux s'y prête, on peut, pour une corde donnée, augmenter un peu la longueur de la flèche et, par conséquent, accentuer la courbure.

Dans ce cas, en supposant que la demi-corde C soit égale à n fois la flèche, la formule précédente donne pour valeur des rayons

$$R = \frac{(n^2 + 1)f}{2}.$$

En pratique, il est commode de faire établir sur les chantiers des gabarits en planches qui servent de guide aux maçons et qui donnent une approximation suffisante dans la construction d'ouvrages rustiques en pierre sèche.

C'est sur le parement amont, élevé verticalement, que l'on maintient le tracé exact de la courbe. Quant au parement aval, on lui donne un fruit de 20 à 25 p. 100, qui assure la stabilité de l'ouvrage.

Le personnel de surveillance devra être muni d'une table donnant, pour les différents rayons à employer, les flèches correspondant à des cordes variant de mètre en mètre ou de 2 en 2 mètres.

En appelant R le rayon, C la demi-corde, f la flèche et A la valeur $(R - f)$, on a la relation suivante :

$$(R - f)^2 + C^2 = R^2 = A^2 + C^2$$
$$A = \sqrt{R^2 - C^2}$$
$$\text{et } f = R - A = R - \sqrt{R^2 - C^2}.$$

Si on observe que R^2 reste invariable, que C^2 représente le carré des différents nombres de 1 à n, on voit que cette formule permet d'obtenir très rapidement la valeur de f.

Sur le terrain, on peut mesurer directement la flèche f sur l'axe de la courbe, mais, pour des dimensions un peu fortes de la demi-corde C, cette mesure devrait se faire dans le vide. Il est plus commode de tracer la tangente à l'amont du barrage et de mesurer ensuite l'ordonnée qui, élevée sur cette tangente, va rencontrer la courbe.

Élargissement des profils en travers d'un ravin. — Il peut arriver que, par suite de circonstances locales, le lit du ravin à corriger soit très étroit et qu'il paraisse nécessaire d'en obtenir l'élargissement à la fois pour diminuer l'impétuosité des eaux, obligées, en s'étalant, de subir un frottement considérable et pour mettre le pied des berges à l'abri de leur érosion. On doit alors procéder à un relèvement de ce lit au moyen de barrages du même type que ceux que nous venons de décrire, mais ayant une hauteur pouvant atteindre 1 mètre à 1 m. 50, au maximum, au-dessus du fond du lit (la hauteur des barrages se mesure toujours au parement *amont* sur l'axe).

Dans toute la section du torrent à relever, on devra rapprocher ces barrages qui, par l'effet de leur hauteur de chute, se trouvent exposés à un affouillement important et qui, par suite, devront être disposés de façon à s'appuyer mutuellement.

En même temps, on augmentera la profondeur de leurs fondations, de telle sorte que la base d'un ouvrage se trouve au niveau du couronnement de l'ouvrage immédiatement inférieur, ou tout au moins que la ligne idéale qui joindrait ces deux points ne dépasse pas la pente de 4 à 5 p. 100.

Enfin, on peut rencontrer des ravins dont l'une des rives soit rocheuse. On a eu souvent, dans ce cas, la tentation de faire des ouvrages destinés à rejeter les eaux sur le rocher, celui-ci constituant à lui seul l'une des ailes du barrage. Ce système est très défectueux et a donné lieu à bien des mécomptes. Il vaudra toujours mieux établir un couronnement complet en maçonnerie bien encastrée.

Bassins de réception constitués par des gypses. — Quelques bassins de réception dans les Alpes sont constitués par du gypse plus ou moins pur, fréquemment entouré ou surmonté de cargneules et de tufs. Ce gypse présente une analogie frappante avec les terres noires dont nous avons parlé précédemment. Il se délite comme elles avec rapidité, en fine poussière constamment enlevée par les pluies, de telle sorte qu'aucune végétation ne peut s'y fixer.

Grâce aux cargneules et aux tufs qui l'entourent, on peut heureusement combattre, avec succès, l'affouillement dans les ravins, en y édifiant des barrages rustiques.

Mais la végétation forestière ayant le plus grand mal à s'implanter dans ces terres gypseuses, nous estimons qu'il est indispensable de recourir au gazonnement intensif, pratiqué avec des mottes de gazon appliquées et maintenues sur les versants. Encore faut-il, pour que l'opération, qui sera toujours chère, n'atteigne pas un prix excessif, que l'on trouve des prairies constituées à proximité où l'on puisse s'approvisionner en mottes de gazon.

CHAPITRE II.

LES GLISSEMENTS ET LES ÉBOULEMENTS.

Les glissements sont, on peut le dire, l'âme des torrents. Il importe peu de rechercher si c'est l'existence préalable du torrent qui provoque la naissance des glissements ou si ce sont les glissements qui donnent au torrent toute sa violence; il est un fait indéniable, c'est que tous les grands torrents, tous ceux qui donnent naissance à des laves de quelque importance, traversent ou longent des terres en mouvement.

Le glissement, tel que nous l'entendons, représente une masse de terre, d'un volume plus ou moins considérable, située sur le versant d'une montagne et se déplaçant tout entière sous l'action de la pesanteur, pour gagner la base du versant qui la supporte. Son mouvement est généralement lent, mais peut s'accélérer temporairement sous l'influence de causes extérieures et principalement sous l'action de l'humidité pour atteindre une vitesse relative assez considérable.

C'est ainsi que toute la rive gauche du torrent de Saint-Martin-la-Porte (Savoie) glisse avec une vitesse moyenne de 0 m. 50 par an (résultat basé sur des documents certains remontant à 170 ans), tandis que le glissement du Sécheron (Savoie) a pu atteindre jusqu'à 7 ou 8 mètres par jour, et a conservé pendant plusieurs années une vitesse de 2 à 3 mètres par an.

Il importe essentiellement de ne pas confondre les glissements et les éboulements, bien que ces deux phénomènes soient souvent corrélatifs.

Ainsi l'éboulement de Sainte-Foy (Savoie) a donné naissance à un glissement, et le glissement du Sécheron (Savoie) a donné naissance à un éboulement.

L'éboulement est en général représenté par un amas de rochers ou de terres qui se détachent à un moment donné de la montagne avec laquelle ils faisaient corps et s'écroulent en masse pour venir s'entasser au pied du versant qu'ils dominaient.

Il est évident que si les conditions sont favorables, l'écroulement passé, ils resteront immuablement fixés dans leur nouvelle position; mais si, au contraire, le sol qui les supporte est en forte pente, si leur base est exposée aux érosions des torrents, ils pourront parfaitement glisser en masse et, par suite, donner naissance à un glissement.

Inversement, un glissement se propage généralement de bas en haut et, quand il est important, il peut mettre à découvert des masses rocheuses désagrégées qui, manquant alors de point d'appui, s'effondrent en donnant naissance à un éboulement.

Ainsi donc, malgré le lien fréquent qui les unit, nous distinguerons ces deux phénomènes : le glissement et l'éboulement.

Pour qu'il puisse y avoir glissement, il faut qu'une masse de terre ou de roche désagrégée repose sur un lit imperméable de roche ou d'argile, en pente suffisante et sans aspérités importantes. Les eaux se trouvant arrêtées à la rencontre de la couche imperméable, servent de lubrifiant, en même temps qu'elles saturent la couche supérieure; celle-ci peut, dans ces conditions, prendre une consistance semi-fluide qui facilite son mouvement.

On peut donc conclure *qu'en principe* tout glissement peut être enrayé, puisqu'il suffit d'empêcher les eaux d'arriver en quantité suffisante jusqu'au plan de glissement (lit imperméable) ou même de les recueillir sur ce plan de glissement, de façon à ne pas leur permettre de saturer la masse des matériaux instables.

Des travaux de cette nature sont entrepris chaque fois que les intérêts en jeu sont suffisamment importants et qu'il ne s'agit que d'arrêter des glissements de faible étendue. Mais on concevra sans peine qu'en montagne, là où l'épaisseur de la couche en mouvement atteint souvent 5o et même 1oo mètres, où sa longueur peut être de plusieurs kilomètres et sa largeur tout aussi grande, le prix de revient des galeries de drainages suivant le plan de glissement, et étendant leurs ramifications dans toutes les directions serait hors de proportion avec le résultat à atteindre. En outre, les difficultés d'exécution seraient souvent si considérables, qu'on ne trouverait peut-être aucun moyen pratique de les surmonter.

On a donc dû se résoudre à chercher des solutions différentes de la question, suivant les cas particuliers qui se présentaient.

Nous en examinerons quelques-uns, tout en ne reprenant dans ce qui a déjà été publié que les renseignements indispensables à notre étude.

Le glissement du Sécheron. — Le glissement du Sécheron est situé sur le territoire de la commune de Le Bois, canton et arrondissement de Moutiers, département de la Savoie.

Il a son origine à 1,611 mètres d'altitude, à l'extrémité d'une croupe allongée qui sépare la vallée du Doron de celle du torrent Morel. La base, qui se trouve à 868 mètres d'altitude, est prolongée par un torrent qui se joint à l'Isère en face d'Aigueblanche, à la cote de 460 mètres.

Le sommet du Sécheron est occupé par des rochers escarpés et délités en éboulement sur une hauteur de 102 mètres, de sorte que la masse en mouvement ne commence qu'à l'altitude de 1,509 mètres.

Sa longueur est d'environ 1,200 mètres et sa pente moyenne de 0 m. 53 par mètre. Elle a une largeur de 200 mètres, ce qui lui donne une superficie de 24 hectares.

La profondeur des terres instables est trop considérable pour pouvoir être mesurée exactement, mais l'examen des lieux et l'inclinaison des bancs rocheux environnants permettent de l'évaluer à 30 ou 40 mètres au moins en moyenne.

En adoptant le minimum de cette estimation, soit 30 mètres, la masse des terres en mouvement dépasserait encore 7 millions de mètres cubes.

Ce glissement est bordé, au sud-est, par des roches triasiques, et au nord-ouest par des roches jurassiques représentées par des schistes noirs du lias.

Il est constitué par une terre argileuse mélangée d'une énorme quantité de quartiers de roc émergeant de toutes parts, de la façon la plus pittoresque. — Ici, c'est un amoncellement de blocs superposés formant comme les assises d'une gigantesque construction disparue, s'étageant parfois dans un équilibre instable les plus gros (150 à 200 mètres cubes) sur les plus petits (1 à 2 mètres cubes); ailleurs, c'est un bloc gigantesque enfoncé par une pointe seulement dans le sol; partout la preuve que cette terre argilo-calcaire, se laissant à peine entamer par la pioche quand elle est sèche, se transforme, sous l'influence d'eaux trop abondantes, en une masse visqueuse qui transporte avec elle les plus gros blocs d'une densité à peine supérieure à la sienne.

N'ayant pas à justifier l'utilité des travaux entrepris, nous ne retracerons pas l'historique des dégâts causés par le Sécheron et des tentatives d'intervention faites antérieurement à 1887.

Il nous suffira de rappeler qu'en 1824, le glissement n'existait pas encore et que toute la superficie qu'il occupe aujourd'hui était recouverte d'une magnifique végétation forestière; que ces bois furent vendus et exploités en quelques années; qu'après leur disparition, des mouvements locaux se manifestèrent de plus en plus importants, et qu'enfin, le 2 novembre 1868, à la suite d'une fonte de neige abondante, toute la masse déboisée se mit en mouvement. Sur plus de 200 mètres de largeur, le sol s'avançait par ondulations, comme poussé par une force irrésistible.

Pendant deux jours, cette masse formidable continua à descendre sans interruption; puis le mouvement se ralentit, pour reprendre avec intensité, dès le printemps suivant, le 14 avril 1869, à la suite de la fonte des neiges.

A cette époque, de grands bancs de rochers, mis à découvert par suite des mouvements du sol, se détachèrent de la partie haute de la montagne et le volume de cet éboulement vint en totalité augmenter encore la masse en glissement.

Dès lors, les coulées furent fréquentes; on en signale en novembre 1870, en 1871 et presque chaque année ensuite.

En 1887, après que les formalités nécessaires eurent été remplies, l'État devint propriétaire de tous les terrains instables qui appartenaient à la commune de Le Bois. La cession fut consentie à l'amiable et constatée par un acte de vente en date du 21 avril.

En même temps qu'ils négociaient avec la commune propriétaire, les agents des eaux et forêts avaient fait dresser un plan exact et détaillé de la région. Au cours de leurs très nombreuses reconnaissances, ils avaient acquis la certitude que le seul moyen de remédier aux dégâts causés par le glissement était d'en obtenir la fixation sur place. Comme il était impossible de songer à établir des drains dans toute la profondeur des terres instables, on dut se borner à chercher l'asséchement relatif de la masse au moyen d'un réseau de drains superficiels combiné de façon à capter immédiatement les eaux provenant de la fonte des neiges ou des grandes pluies, et à les entraîner rapidement par les pentes les plus raides vers deux collecteurs débouchant à l'aval du glissement.

En donnant à ces drains superficiels une certaine profondeur, on réunissait le double avantage d'empêcher la plus grande quantité des eaux de pénétrer jusqu'au plan de glissement et d'assécher complètement la couche supérieure des terrains instables. Ce second résultat était des plus importants, si on veut bien se rappeler que les terres du Sécheron prennent une cohésion et une ténacité si grandes, qu'elles se laissent à peine entamer par la pioche quand elles sont sèches. Or, la configuration des lieux est telle, que le glissement est obligé, à sa base, de franchir un goulot fort étroit dans lequel il vient pour ainsi dire se coincer, de telle sorte que la couche supérieure durcie, ne pouvant se déformer au passage du goulot, présente par son poids et par sa ténacité une résistance considérable au déplacement des terres sous-jacentes.

On estima, au moment des études, qu'en asséchant une couche de 2 mètres d'épaisseur, on obtiendrait un résultat satisfaisant, surtout si on complétait le travail en éloignant des terres instables toutes les eaux qui pouvaient y arriver des régions supérieures.

Les travaux furent exécutés en 1887 et 1888. Ils comprenaient :

1° Un seuil en maçonnerie de mortier devant former une tête inébranlable à l'aval de la sortie des drains et empêcher les affouillements par les eaux claires;

2° 2,312 mètres de drains de premier ordre et 7,029 mètres de drains de second ordre;

3° 115 regards disposés à intervalles réguliers, de manière à permettre de vérifier le fonctionnement des drains;

4° Un chemin muletier de 3 kilom. 800 pour faciliter l'accès des travaux.

Les drains de premier ordre ont été ouverts à une profondeur moyenne de 2 mètres avec une largeur de 0 m. 70 à la base et de 1 m. 50 en gueule.

Le fond, bien dressé suivant le profil en long du projet, a été pavé en cuvette; puis, sur ce pavage et à une distance de 0 m. 10 de chaque côté de son axe, on a placé des pierres ayant au moins 0 m. 30 de longueur, 0 m. 20 de largeur et 0 m. 20 d'épaisseur, appuyées les unes sur les autres par leur sommet, de manière à ménager un passage suffisant aux eaux; après les avoir fortement calées, on a rempli le reste du fossé avec des pierres dont les plus grosses ont été placées dans le fond et les plus petites par-dessus, afin de prévenir, en cas d'éboulement accidentel se produisant sur le drain, l'obstruction du passage réservé aux eaux.

Les drains de premier ordre ont tous été tracés suivant les lignes de plus grande pente, afin d'assurer le rapide écoulement des eaux, de faciliter l'entraînement immédiat des petits graviers et du sable et d'empêcher complètement les infiltrations qui se produisent si fréquemment dans les canaux ouverts latéralement sur le flanc des montagnes. Les pierres remplissant le fossé de drainage assurent, en outre, la stabilité de ses berges, tout en permettant le passage des eaux à travers leurs interstices. De plus, aucun conduit ouvré n'entrant dans la construction de ces drains, on a toujours sous la main et sans frais les matériaux nécessaires pour les réparations, qui peuvent ainsi s'exécuter sans délai et très économiquement.

Les drains de second ordre ont été construits suivant les mêmes principes, mais avec des dimensions réduites. On ne leur a donné qu'un mètre de profondeur moyenne, o m. 40 de largeur à la base et o m. 80 en gueule. Les dimensions des pierres formant voûte pour le passage des eaux ont été réduites à o m. 30 de longueur et o m. 15 de largeur et d'épaisseur.

Des regards ont été établis de 20 en 20 mètres et à tous les points où des drains de deuxième ordre venaient rejoindre des drains de premier ordre.

Les quatre faces constituant les parois verticales du regard ont été faites en maçonnerie de pierre sèche de o m. 20 d'épaisseur et disposées de manière à ménager un vide central carré de o m. 30 de côté que l'on a recouvert au moyen d'une dalle de dimensions légèrement supérieures.

Le chemin d'accès a été ouvert sur une largeur en déblai de 1 mètre, avec une rampe uniforme de 15 p. 100.

En 1888, on avait préparé une pépinière locale destinée à fournir les plants de résineux nécessaires à la création d'un peuplement forestier sur toute la combe.

En 1889, on a commencé le reboisement par la plantation de 50,000 aunes ou saules appelés à fournir par leur végétation rapide un premier abri au sol.

L'effet de ces premiers travaux a été immédiat et des plus concluants. Depuis 1888, il y a donc douze ans révolus, pas une pierre, pas un caillou n'a franchi le seuil élevé à la base des drains. Le Sécheron n'a plus débité que de l'eau claire, à peine légèrement trouble au moment des crues. Ce n'est pas à dire, cependant, que la stabilité complète de ce terrain, aussi bouleversé, ait été obtenue immédiatement; mais les mouvements qui se sont produits ont toujours été localisés et n'ont jamais eu aucune répercussion sur la masse du glissement et sur le cours du torrent qui y prend naissance. Leur effet le plus sensible a été de couper et de détériorer certains drains, qu'il a fallu rétablir ensuite. Cette situation exige évidemment une surveillance assidue de la part du service des eaux et forêts qui, pour éviter des infiltrations dangereuses, doit procéder sans délai aux réparations nécessaires.

Le plus important de ces mouvements locaux s'est produit en 1897 et a affecté une longue bande de terrain sur la rive droite. Un des collecteurs de premier ordre a été bouleversé. Pour empêcher le renouvellement de cet accident, on l'a rétabli en 1898 sur le terrain stable qui limite le glissement. En admettant qu'un nouveau mouvement se manifeste ultérieurement, on n'aura plus à réparer que les drains collecteurs de deuxième ordre.

L'attention des agents des eaux et forêts s'est naturellement portée sur les causes qui peuvent déterminer ces mouvements, le grand principe du service étant toujours de chercher à remédier au mal, en s'attaquant à ses causes bien plutôt qu'à ses effets.

Malgré des observations précises faites plusieurs fois par an au moyen de profils transversaux piquetés à des distances très rapprochées et répérés de chaque côté sur des points fixes, malgré une surveillance assidue des phénomènes qui se produisent de temps à autre, il n'a pas encore été possible d'arriver à une certitude absolue. Cependant, on est porté à croire que s'il se manifeste quelques glissements locaux, le plus grand nombre des perturbations constatées doit être attribué au tassement sur place de l'énorme masse de matériaux accumulés sans ordre et renfermant de nombreuses cavités dues à l'amoncellement des quartiers de roc.

En même temps que l'on maintenait en bon état le réseau des drains, on a continué la plantation de toutes les surfaces dénudées. Le mélèze, le pin sylvestre, le pin noir d'Autriche, le pin à crochets, l'épicéa ont été employés et placés chacun à l'altitude qui leur convient.

Les aunes plantés à l'origine prenant un développement exagéré, qui menaçait d'anéantir les essences plus précieuses d'une végétation moins rapide, on a été, depuis 1892, obligé de procéder à des éclaircies. Elles sont conduites avec la plus grande prudence et de façon à ne jamais interrompre le massif boisé déjà formé.

A la fin de 1899, la forêt était reconstituée sur les deux tiers inférieurs du glissement, en voie de reconstitution sur le tiers supérieur qui, entièrement planté, ne présentait cependant encore aucun massif par suite de la lenteur de la végétation sur un versant élevé, exposé en plein nord et couvert de neige, de la fin septembre au 15 mai de chaque année.

Le total des dépenses, arrêté au 31 décembre 1899, s'est élevé à 58,544 fr. 97, soit à environ 2,440 francs par hectare de terrain consolidé et reboisé.

Le glissement de Mont-Denis. — Les glissements du genre du Sécheron sont rares. Plus généralement, ils se présentent sous forme de combes, d'étendues fort variables, occupant une portion plus ou moins considérable des berges et des versants qui bordent les torrents en activité. Ils constituent presque toujours, à eux seuls, la principale source des matériaux charriés par ces torrents, et c'est à leur consolidation que tendent la plupart des travaux de correction.

Le torrent de Saint-Julien, affluent de l'Arc (Savoie), en offre un exemple remarquable. Issu de la pointe du Vallon, à l'altitude de 2,787 mètres, il a une longueur totale de près de 10 kilomètres.

Sur les sept premiers kilomètres, il n'est bordé que par d'immenses escarpements rocheux et en grande partie dénudés à gauche, et par des berges stables à droite, à peine traversées, par endroit, de surfaces en décapage.

Mais, au septième kilomètre, il aborde et longe, sur une longueur de 257 mètres seulement, un versant constitué entièrement par de la terre, au sommet duquel se trouve bâti le village de Mont-Denis.

Dans ce passage, la pente de son lit atteint en moyenne 32 centimètres par mètre. Avec une valeur aussi considérable, des affouillements importants devaient se produire, d'autant plus énergiquement que la rive opposée (gauche) est constituée par une falaise rocheuse à peu près verticale et totalement inaffouillable.

Avant les travaux dont nous allons parler, le versant de Mont-Denis, rongé par la base, glissait sans cesse et s'éboulait par morceaux successifs qui disparaissaient, entraînés par le torrent.

A la suite d'observations portant sur près de dix années, il fut constaté que ce seul glissement fournissait 75 p. 100 des matériaux charriés par le Saint-Julien. La correction du torrent dépendait donc presque exclusivement de la consolidation de cette masse instable.

D'une surface totale d'environ 90 hectares, le glissement de Mont-Denis s'avance de près de 700 mètres dans les terres. Sa pente atteint en moyenne 60 p. 100. Son point le plus élevé est à l'altitude de 1,400 mètres et sa base à 910 mètres.

Il est dominé, et pour ainsi dire prolongé, par un immense versant à pentes relativement douces, très bien gazonné et irrigué sur la majeure partie de sa surface par le canal de la Biaillière. A son extrémité inférieure, à l'altitude de 1,640 mètres, ce canal laissait se perdre son excès d'eau qui venait tomber directement au milieu du glissement de Mont-Denis. Comme, par sa disposition, il servait de collecteur aux eaux pluviales de toute la région supérieure, ses apports considérables contribuaient dans une large mesure à activer l'instabilité du terrain. De plus, ouvert dans un sol sablonneux, il donnait lieu en tout temps à de nombreuses infiltrations dangereuses.

Il fut donc décidé, dès l'abord, de maçonner toute la partie du canal qui dominait le glissement, puis de prendre, à son extrémité, les eaux en excès et de les conduire aussi rapidement que possible au torrent de Saint-Julien, au moyen d'un canal spécial également maçonné dans ses parties perméables et dont le tracé reposerait entièrement sur un sol parfaitement stable.

Ce premier travail fut exécuté dès 1891. Le type adopté pour la section du canal fut une portion d'arc de cercle en maçonnerie de pierre sèche, avec des ressauts de 20 centimètres de hauteur, rapprochés de façon que la pente du radier ne dépassât jamais 15 centimètres par mètre.

La dépense s'éleva à 4,158 francs.

Il devenait possible, dès lors, d'espérer que le glissement prendrait une assiette définitive, si on empêchait les érosions le long de sa base. La forme du terrain et la nature du roc qui constituait la berge gauche s'y prêtant admirablement, on s'arrêta, après de minutieuses études, à l'idée de dériver le Saint-Julien par un canal souterrain creusé entièrement dans le rocher. Cette solution fut considérée comme la plus rapide, la plus complète, la plus sûre et même la moins coûteuse à donner au problème proposé.

Le canal fut percé pendant les années 1895 et 1896.

On trouvera dans une notice spéciale due à M. l'inspecteur adjoint Mougin, tous les détails des études entreprises à cette occasion, et l'historique complet de la marche des travaux.

Il nous suffira de rappeler ici que la galerie souterraine fut ouverte suivant une direction rectiligne avec une pente uniforme de 15 p. 100, et qu'elle présente la forme d'un tunnel de chemin de fer à deux voies. Son débouché mesure 44 mètres carrés. Sa longueur totale est de 200 mètres; enfin, son orifice inférieur domine de 82 mètres le lit du Saint-Julien.

Un barrage de dérivation ferme complètement l'ancien lit à

l'amont et oblige les eaux à pénétrer dans le souterrain. Celles-ci, à leur sortie du tunnel, se précipitent sur une pente rocheuse presque verticale, pour reprendre leur ancien cours.

Le tunnel a coûté 67,842 francs.

Le barrage de dérivation, 5,656 francs.

Enfin, les chemins d'accès ouverts entièrement dans le roc ont nécessité une dépense de 21,574 francs.

Le résultat obtenu a été complètement satisfaisant.

Dès la première année, le glissement est venu s'appuyer contre la falaise rocheuse qui constituait la berge gauche de l'ancien lit, et ce dernier a totalement disparu sous l'amoncellement des matériaux qui a atteint plus de 20 mètres d'épaisseur à certains endroits.

Toutefois, l'hiver de 1896-1897 ayant été très humide, au printemps suivant, de nombreuses sources d'un débit considérable firent irruption soudain au milieu du glissement et y occasionnèrent la création de ravins, les eaux délayant et entraînant la terre qu'elles rencontraient sur leur passage. Il était évident qu'il fallait compléter la fixation du glissement par un drainage intensif.

On y procéda, dès l'année 1898, et comme on se trouvait en présence de sources pouvant présenter un débit considérable, on se décida à modifier quelque peu le type des drains adopté dans le glissement du Sécheron. Les drains de premier ordre furent ouverts avec une profondeur moyenne de 4 mètres, et ceux de deuxième ordre à une profondeur de 1 m.50.

Il n'était plus possible d'y maintenir l'ancienne disposition intérieure, qui n'aurait pas laissé un débouché suffisant aux eaux. Les deux pierres, appuyées l'une contre l'autre par leur sommet, furent remplacées par une voûte en pierre sèche. Cette voûte, un peu plus difficile à construire, a donné en pratique toute satisfaction.

Les drains de premier ordre sont revenus à 12 francs le mètre courant; ceux de deuxième ordre à 4 francs.

Enfin, un barrage élevé entre des berges solides à la base des terrains instables doit servir de point de départ à la construction d'ouvrages secondaires ayant pour but d'arrêter les affouillements dans les ravins qui se sont formés.

Mais dès à présent, le glissement de Mont-Denis peut être considéré comme définitivement fixé.

Sa consolidation, qui a coûté au total 158,000 francs, peut être considérée comme une des œuvres les plus remarquables, parmi tant d'autres, édifiées par l'Administration des eaux et forêts, au sein des Alpes françaises. Elle a permis de rendre toute sécurité aux habitants du bourg de Saint-Julien, centre important d'exploitations ardoisières, et d'assurer le maintien des communications sur la voie ferrée de Paris à Turin, par le Mont-Cenis.

Pour que ces résultats soient définitivement acquis, on a entrepris en 1899 la construction d'un canal d'écoulement sur le cône de déjection du torrent, de façon à empêcher toute divagation des eaux en temps de crue. Ce travail d'une importance considérable, comprenant à la fois un canal maçonné et un lit creusé dans les déjections et rendu inaffouillable par une série de seuils en maçonnerie, sera terminé au cours de l'année 1900.

Il n'a pu être entrepris qu'après que l'on a eu acquis la certitude que, grâce aux travaux de consolidation exécutés dans le glissement de Mont-Denis, aucune lave n'était plus à redouter.

Malheureusement, la correction des torrents ne se présente pas souvent dans des conditions semblables, et il est rare que les glissements latéraux ne viennent affecter leurs cours que sur une longueur de 257 mètres. Bien plus souvent, on les rencontre le long des rives, s'allongeant sur plusieurs kilomètres, sans que la nature du terrain permette d'envisager la possibilité d'une dérivation. Tel est, par exemple, le cas du torrent de Nant-Trouble, affluent de la Chaise, et par suite de l'Arly, dans l'arrondissement d'Albertville (Savoie).

Les glissements du Nant-Trouble. — Le Nant-Trouble prend sa source au mont Charvin, pic d'une altitude de 2,414 mètres, situé à la limite des départements de la Savoie et de la Haute-Savoie.

Il se jette dans la Chaise, près du hameau de Corroies, à 425 mètres au-dessus du niveau de la mer, après un parcours de 6,344 mètres.

Son bassin de réception occupe une superficie d'environ 570 hectares. A son origine, il se dirige tout d'abord à travers les éboulis arrachés de la montagne par l'action dissolvante du climat; d'abord mince filet d'eau, il se creuse peu à peu et s'encaisse de plus en plus au milieu des pelouses dégradées. Grossi successivement par plusieurs petits ruisselets, il arrive aux cascades du Vernet, où se termine la première partie de son cours; les ravages qu'il produit dans toute cette première section sont sans importance et se bornent à quelques glissements dus à l'affouillement longitudinal qui s'accentue d'année en année.

Après avoir franchi en plusieurs bonds les cascades du Vernet, il se précipite dans une combe à berges escarpées, au-dessus desquelles sont bâtis, sur la rive gauche, les villages du Vernet et de Reculaz, et sur la rive droite, ceux de Mont-Dessus et de Mont-Dessous.

La berge droite de cette grande combe, de 940 mètres de longueur, est constituée par une falaise rocheuse à pentes excessives, que coupe vers son milieu le torrent secondaire du Mont. Ce petit affluent, d'un parcours de 960 mètres, prend naissance dans des pâturages où il s'est récemment creusé un lit qu'il affouille avec énergie dans les deux sens. De là, des glissements et l'ouverture de nombreuses crevasses qui mettent en danger les granges bâties dans les prairies de la montagne.

Aussi, à chaque pluie un peu abondante, il se produit un transport de matériaux formant un véritable cône de déjection qui rejette le cours du Nant-Trouble vers la rive opposée, qu'il ronge sans cesse.

Le sol de la berge gauche, en effet, est formé par des amas de terres noires, provenant d'une désagrégation profonde des schistes liasiques mêlés aux débris des roches supérieures. Cette berge, qui supporte à son amont le hameau du Vernet, ses cultures et ses vergers, est sans cesse affouillée au pied par le Nant-Trouble.

De là une instabilité permanente et des glissements constants de portions de champs, plus ou moins considérables, qu'aussitôt les eaux remanient et emportent. Un sentier établi sur cette rive est l'objet d'un entretien incessant; son plafond s'effondre, constamment entraîné vers le thalweg.

Lorsque survient une crue, les hautes eaux, affouillant avec violence, déterminent l'éboulement de larges pans de berges qui fournissent le principal aliment des laves les plus désastreuses.

Cette grande combe, qui occupe presque entièrement la section moyenne du torrent, représente donc la partie la plus dangereuse à tous égards, soit au point de vue de l'utilité publique, soit au point de vue du salut des villages voisins et des cultures.

La correction du Nant-Trouble, dépendait presque uniquement de sa consolidation, et celle-ci ne pouvait être obtenue qu'en arrêtant les affouillements du torrent, et en reconstituant par une succession d'atterrissements superposés une base large et solide, permettant aux berges de prendre une pente d'équilibre, tout en les mettant à l'abri des érosions.

La différence de niveau mesurée suivant le profil en long d'une extrémité de la combe à l'autre atteint 250 mètres, ce qui correspond à une pente moyenne de 26 p. 100. De l'étude à laquelle il fut procédé, dès l'année 1886, on conclut immédiatement à la nécessité d'attaquer la combe sur plusieurs points, tant pour augmenter la rapidité des travaux, que pour obtenir de suite une certaine stabilité générale de la masse en mouvement.

Un examen attentif permit de découvrir quatre promontoires rocheux émergeant du milieu des terres de la rive gauche et paraissant appartenir à la roche en place. Ces promontoires se trouvaient respectivement situés, le premier à la base du glissement (altitude 640 mètres), le second à l'altitude de 680 mètres, le troisième à 750 mètres et le quatrième à 840 mètres.

Cette première constatation très importante démontra qu'il était possible de créer quatre points d'attaque de la combe, s'appuyant tous sur une base solide et capables, par conséquent, de résister aux plus grands efforts.

Dès lors, la marche à suivre pouvait être définie de la façon suivante :

Quatre barrages de premier ordre seraient établis, et solidement fondés entre des berges stables. Ils serviraient de base à quatre séries d'ouvrages secondaires, élevés successivement sur leurs atterrissements et qui seraient assez rapprochés les uns des autres pour que leurs ailes fussent encore encastrées dans la partie du sol consolidée par l'ouvrage immédiatement inférieur. La hauteur à donner à ces ouvrages serait calculée de façon à obtenir un relèvement important du profil en long partout où la hauteur des berges et l'intensité du glissement le rendraient nécessaire.

A l'aide du plan, du profil en long et d'une série de profils en travers exactement relevés, on détermina de la sorte le programme exact et détaillé des travaux à faire, et la position précise à donner au nouveau lit, tant dans le sens horizontal (en plan), que dans le sens vertical (profil en long).

Ce programme, arrêté définitivement en 1889, a depuis lors été poursuivi méthodiquement et a donné des résultats concluants.

Les barrages de premier ordre, numérotés de 1 à 4, furent élevés en 1890-1891. Suivant l'importance du relèvement à obtenir, on leur donna des hauteurs qui varièrent entre 4 et 6 mètres.

L'atterrissement de ces ouvrages se trouvant complet en 1892, on put, dès 1893, continuer les travaux de restauration et établir un nouvel échelon. Ce furent les barrages 1^1, 2^1, 3^1, 4^1.

En amont du barrage 3^1, jusqu'au confluent du Nant-Trouble avec le Nant-de-l'Arête, le lit du torrent s'élargissait singulièrement et pouvait être considéré comme un véritable cône de déjection du Nant-de-l'Arête. Ce petit cours d'eau avait d'ailleurs repoussé le lit du Nant-Trouble, contre la berge gauche essentiellement instable et contribuait ainsi à augmenter le cube des laves charriées par le torrent principal. On ne pouvait guère songer à établir de barrages dans cette section, puisque le fond du lit avait plus de 55 mètres de largeur.

On établit alors, immédiatement en amont du confluent, appuyé sur un promontoire de la berge gauche, couvert de végétation et paraissant stable, et, à droite, encastré dans le rocher, un barrage (n° 3^2) qui n'atteignait que 35 mètres de longueur totale au niveau des ailes, à 4 mètres au-dessus du lit. Puis on creusa un canal rectiligne, joignant la cuvette du barrage 3^1 au pied du barrage 3^2, l'axe de ce canal se trouvant dans le même plan vertical que la droite joignant le milieu des cuvettes des barrages d'amont et d'aval. De chaque côté du canal, des clayonnages longitudinaux protégeaient les berges contre l'action des eaux, et devaient donner les premiers cordons de végétation. Les terres provenant du creusement du canal furent jetées dans l'ancien lit.

Les ouvrages secondaires furent ensuite édifiés dans l'ordre suivant :

En 1895, les n°s 1^2, 2^2 et 4^2.
En 1896, les n°s 3^3, 3^9, 3^{10} et 3^{11}.
En 1897, les n°s 1^3, 2^3, 4^3 et 4^4.
En 1898, les n°s 1^4, 2^4 et 3^4, plus un ouvrage 2bis établi entre les barrages 2 et 2^1, pour suppléer à l'insuffisance du radier existant.
En 1899, le n° 4^5.

En même temps et au fur et à mesure que les atterrissements étaient obtenus, on poursuivait leur consolidation, tant au moyen de clayonnages longitudinaux parallèles à l'axe du torrent, et écartés de 10 mètres, qu'au moyen de la plantation d'essences feuillues, aunes, frênes, érables, boutures de saules et de peupliers.

Au 31 décembre 1899, ces clayonnages existaient entre les barrages 1 et 1^2, 2 et 2^4, 3 et 3^4, 3^9 et 4^4, et les plantations étaient terminées sur les atterrissements des barrages 1, 1^1, 1^2, 2, 2^1, 2^2, 3, 3^1, 3^2, 3^{10}, 3^{11}, 4, 4^1, 4^2, ainsi que sur les berges les avoisinant.

Bien que ces travaux ne soient pas encore complets et qu'il faille envisager qu'une période de six à huit ans sera indispensable pour les terminer, on peut cependant considérer le glissement du Vernet comme définitivement consolidé dès à présent.

Les travaux exécutés dans le lit principal ont d'ailleurs été accompagnés par la correction des affluents les plus importants du Nant-Trouble. Sans vouloir entrer dans le détail, ce qui nous écarterait trop du sujet tout spécial que nous avons en vue, nous croyons cependant devoir relater encore ce qui a été fait dans le Nant-de-l'Arête, parce qu'il s'agissait là aussi d'arrêter un glissement.

Le bassin de réception de ce petit torrent était formé par une combe entièrement enherbée, mais remplie d'eau et tout entière en mouvement. Des crevasses nombreuses indiquaient le glissement assez lent, mais continu, qui se produisait dans la masse. Avant de se précipiter dans le couloir rocheux et escarpé qui le conduit au Nant-Trouble, le Nant-de-l'Arête se divise en deux branches qui se rejoignent ensuite en enserrant entre elles un îlot constitué par un affleurement de schiste assez résistant.

Un barrage fut construit dans chacune de ces branches; chacun de ces ouvrages devant servir de base à la correction est entièrement encastré dans le roc.

En 1897, un second échelon fut construit à l'amont de chacun d'eux et, la base des terres instables se trouvant dès lors à l'abri des affouillements, on put, dès 1898, procéder au drainage de toute la superficie. Ces drainages se composèrent essentiellement de 2,700 mètres de drains de deuxième ordre et d'une rigole pavée, à ciel ouvert, servant de collecteur et venant déboucher sur la cuvette du barrage n° 1.

Le montant total des travaux exécutés dans le Nant-Trouble et ses affluents s'élevait, au 31 décembre 1899, à 253,000 francs, et on ne peut guère estimer à moins de 100,000 francs, les ouvrages restant à faire.

Conclusions sur les glissements. — Les trois cas que nous venons d'examiner, et qui ont donné lieu chacun à un travail de restauration spécial : drainages, dérivation et enfin barrages, représentent les trois espèces auxquelles il est presque toujours possible d'assimiler un glissement en montagne. Si on veut bien remarquer que tous les exemples que nous avons choisis se rapportent à des glissements étendus, en pleine activité et d'une consolidation particulièrement difficile, on en conclura que les moyens mis en œuvre, et qui ont donné des résultats complets, agiront avec au moins autant d'efficacité dans presque tous les autres cas, généralement moins ardus qui se rencontrent dans la pratique.

Il est cependant encore une situation que nous devons signaler. Il peut se faire que les terres en mouvement au lieu d'aboutir dans le fond du ravin n'y arrivent qu'après une chute sur une berge rocheuse, c'est-à-dire que le plan de glissement se trouve situé à une certaine hauteur au-dessus du fond du lit. Comme toujours, il est indispensable, là encore, de maintenir la base du glissement; aucun barrage ou mur de soutènement ne pouvant résister à la poussée qui s'exercerait normalement sur lui, le plus simple paraît être d'obtenir l'exhaussement du lit du torrent par une série d'ouvrages superposés, de façon à atteindre, avec les atterrissements successifs, le niveau du plan de glissement.

On rentrerait alors dans un des cas précédemment examinés.

Ainsi que nous l'avons exposé précédemment, les glissements provoquent souvent des éboulements. Presque toujours ceux-ci s'arrêtent d'eux-mêmes, quand on arrive à fixer les terres en mouvement.

Les éboulements. — *Caractères généraux.* — Mais il n'en est pas de même quand l'éboulement tient à la constitution géologique, à la disposition des roches, et surtout quand il affecte une étendue considérable de terrain. Pour mettre un terme aux dégâts qu'il occasionne, on doit intervenir avec vigueur.

Nous en rapporterons deux exemples principaux : l'éboulement d'Arbin, sur lequel on nous permettra de nous étendre quelque peu, en empruntant les principaux renseignements que nous fournirons à la notice rédigée par M. l'inspecteur adjoint Mougin, qui a dirigé les travaux, et l'éboulement du Bec-Rouge, qui affecte le torrent du Nant-de-Saint-Claude, commune de Sainte-Foy (Savoie).

Dans tous les éboulements que nous avons été appelé à étudier, la situation peut se caractériser d'une façon générale par l'effondrement brusque d'un versant de montagne, recouvrant de débris de pierre et de terre les terrains situés en aval et y détruisant toute végétation. De cette substitution d'un versant dénudé, recouvert de terres ameublies à un versant précédemment boisé ou gazonné, résulte une propension considérable au ravinement et par suite à la formation de laves désastreuses; quand, en outre, le pied de l'éboulement est sapé par un torrent, les terres éboulées ont toujours une tendance prononcée au glissement.

De là, deux natures de travaux distinctes.

Dans le premier cas, on cherchera à éviter les ravinements, en établissant sur la surface de l'éboulement une série de rigoles pavées ou de drains de deuxième ordre, destinés à canaliser les eaux de pluie et à les empêcher d'affouiller. On procédera, le plus rapidement possible, au gazonnement et au reboisement de toute la surface.

Dans le second cas, lorsque le pied de l'éboulement est sapé par un torrent, le premier travail à entreprendre sera d'établir dans le lit de ce torrent une série d'ouvrages de correction, de barrages destinés à éloigner le cours des eaux du pied de la berge instable et à relever le profil en long, de façon à permettre à cette berge de prendre une pente d'équilibre. Ce résultat obtenu, il restera à exécuter les mêmes travaux que ceux que nous venons de détailler pour le premier cas.

On comprendra que ce programme, si simple à indiquer dans ses grandes lignes, comporte dans la pratique de nombreuses difficultés et qu'il soit presque toujours nécessaire de recourir à des travaux accessoires. On en prendra une idée par la description détaillée de l'éboulement d'Arbin.

L'éboulement d'Arbin. — Le 14 mai 1891, une masse énorme de terre et de rochers tombait avec fracas, du versant Sud-Est de la montagne de la Roche-du-Guet, et venait s'arrêter à quelques mètres à peine du village d'Arbin.

La Roche-du-Guet, située dans le département de la Savoie, arrondissement de Chambéry, appartient à cette longue bande rocheuse formée de trois chaînes principales parallèles, qui, partant du Vercors, se continuent par la Chartreuse et les Bauges pour se terminer dans le Faucigny à la vallée de l'Arve.

Leur direction générale est du sud-ouest au nord-est.

Les terrains qui constituent le plus ordinairement ce long massif appartiennent au Crétacé inférieur, principalement aux étages urgonien et néocomien; les sommets sont parfois formés de calcaires des types Sénonien et Albien.

La montagne de la Roche-du-Guet, appelée aussi montagne de la Thuile, du nom d'un petit village situé sur son versant Nord, est un éperon avancé entre la vallée du Grésivaudan et celle du lac du Bourget.

Les versants Sud-Est et Sud-Ouest, qui regardent l'Isère, sont fort abrupts (leur pente dépasse parfois 100 p. 100) et ils sont surmontés par une falaise absolument à pic, de 100 à 150 mètres de hauteur. Cette assise de la montagne est constituée par des calcaires blancs, compacts, à *Requiennia-Ammonia*. Dans ses parties basses et moyennes, partout où on aperçoit le rocher, sa surface offre des oudulations très douces, polies comme un marbre par l'action du grand glacier des Alpes.

Le sol, d'épaisseur inégale, se compose de petites pierrailles, produit de la désagrégation de la falaise, d'anciens dépôts glaciaires et de gros blocs provenant probablement de la dislocation et de la chute d'une partie du banc rocheux supérieur.

Le sommet de la Roche-du-Guet se trouve à 1,210 mètres au-dessus du niveau de la mer, et le pont du chemin de fer de Paris à Turin par le Mont-Cenis, jeté sur le chemin de grande communication n° 1, de Chambéry à Albertville, à 300 mètres.

Depuis le village d'Arbin (310 mètres) jusqu'à 550 mètres d'altitude, le sol est couvert de cultures, de vergers et surtout de vignes donnant un vin estimé dans la région; puis vient un maigre taillis de chênes noyés dans un océan de buis s'étendant jusqu'au pied même de la falaise calcaire.

La pente du taillis est assez uniforme; il faut cependant noter un petit plateau, situé à 300 mètres environ au-dessous du sommet, que l'on appelle le Sorplat. D'après la tradition, ce serait à cet endroit que Henri IV et Sully, en 1600, et plus tard, le maréchal de Catinat vinrent établir des batteries pour bombarder et réduire la forteresse de Montmélian. Quoi qu'il en soit, il ne reste aujourd'hui aucune trace de fortification; la végétation forestière a tout envahi, et les retranchements et le sentier qui y conduisait.

Avant l'éboulement, le couloir des Sœurs suivait la ligne de plus grande pente, descendait de l'extrémité Est du Sorplat et s'étendait jusqu'à l'entrée même du village d'Arbin, formant à peu près le thalweg d'une combe très évasée, où jaillissait à 885 mètres d'altitude une source désignée sous l'appellation de Pierre-Combet (pierre où l'on boit).

La majeure partie du bois appartient à la commune de Montmélian, le reste est divisé entre quelques propriétaires particuliers.

La commune d'Arbin compte 485 habitants; son territoire est

presque entièrement enclavé dans celui de Montmélian, qui l'enserre de trois côtés.

Dès 1792, un glissement ou un éboulement de terrain s'était produit au milieu de la forêt communale de Montmélian, dans la combe du versant Sud-Est de la montagne de la Roche-du-Guet. Toutefois, le dommage fut assez restreint et l'amas des matériaux s'arrêta à la limite supérieure des cultures et des vignes. Peu à peu, le chêne et le buis reprirent possession des éboulis et, sauf une légère excroissance en bas du bois et une combe peu profonde vers le plateau de Sorplat, rien ne pouvait faire soupçonner un mouvement du sol d'époque récente.

Le souvenir même du phénomène commençait à s'effacer, et c'est à peine si quelques vieillards se rappelaient en avoir entendu faire mention jadis par leurs parents. Rien d'ailleurs ne faisait présager une nouvelle catastrophe.

Tout à coup, le 14 mai 1891, vers 7 heures du soir, les habitants d'Arbin, attirés hors de chez eux par un bruit formidable, virent une masse énorme de terre et de rocher se détacher de la montagne, rouler avec une vitesse grandissante, s'étaler sur l'emplacement des cultures et des vignes, et s'arrêter enfin à 500 mètres seulement des premières maisons.

Dans les environs du point de départ de l'éboulement, on voyait nettement la roche en place, polie, qui avait servi de plan de glissement. Au-dessus de cet affleurement, des traces d'humidité marquaient l'emplacement de la source de Pierre-Combet, et indiquaient nettement que les eaux étaient loin d'être étrangères à l'accident.

Les choses demeurèrent en cet état jusqu'au mois d'août, et l'émotion causée par le phénomène était déjà apaisée, l'éboulement n'inspirait plus aucune terreur, si bien que les propriétaires commençaient à débarrasser leurs vignes des blocs et des pierrailles qui les avaient endommagées.

Malheureusement, les 21 et 22 août 1891, un orage très violent, suivi d'une pluie diluvienne éclata sur la région. La combe, nouvellement formée, entièrement dénudée, rassemblait les eaux en un instant, comme eût pu le faire un entonnoir, et les amenait jusqu'au milieu du cône d'éboulis où elles disparaissaient.

Le dimanche 23 août, au matin, deux coulées de laves se détachèrent de l'amas de terres et de blocs : la première, à l'ouest, peu considérable, ne transporta que des pierrailles et, après un parcours de 350 mètres environ, s'arrêta au milieu des prairies; à l'est, un fleuve de boue très considérable s'ouvrit un chenal, transporta des pierres cubant parfois plus d'un mètre, atteignit le village, renversa les murs de clôture, combla les caves, les celliers, emplit les rues et déboucha enfin par le chemin de grande communication n° 1, jusque sous le pont du chemin de fer. Une vingtaine de maisons furent ainsi envahies.

A la suite de cet orage, le profil de la combe s'était encore accusé davantage. Elle se reliait par une pente douce avec les bois qui la bordaient vers l'est, tandis qu'à l'ouest une berge en partie rocheuse, en partie composée d'une sorte de béton de terres et de blocs, formait un angle de 70 degrés environ avec l'horizontale. Des crevasses nombreuses en échancraient l'arête et faisaient prévoir de nouvelles chutes de matériaux.

Les pluies d'automne déterminèrent, en effet, le glissement de toute une portion de la berge droite (en appelant ainsi celle qui se trouve à droite du thalweg pour un observateur placé au sommet de l'éboulement et regardant la pente), dans la nuit du 12 au 13 octobre 1891, puis le dimanche 18, à 11 heures du matin. De nouveau, les eaux n'eurent plus d'issue; le chenal qu'elles s'étaient creusé au mois d'août fut obstrué.

Les intempéries de l'arrière-saison amenèrent la formation d'une nouvelle coulée de laves de 25 mètres de largeur, le 18 novembre, toujours à l'est. Celle-ci se dirigea vers le centre du village d'Arbin; heureusement, la pluie ayant cessé, les habitants en furent quittes pour la peur; 50 ares seulement de vignes greffées disparurent ce jour-là sous une couche de boue.

La situation n'en restait pas moins grave et menaçante, et des chutes d'eau un peu prolongées devaient fatalement amener de nouveaux désastres. Dès le 14 décembre suivant, une série d'averses abondantes venait déterminer une lave qui, coulant plus à l'est que les précédentes, stérilisait de nouvelles cultures. La maison la plus exposée se vit enlisée jusqu'à la hauteur du toit; des celliers, des hangars furent démolis, et la lave, coulant par quatre ruelles, vint déverser son flot boueux sur le chemin de grande communication n° 1, qui forme la principale artère du village. Pour échapper à l'envahissement, les habitants s'enfuirent par les toits et on lança des passerelles en planches au travers des rues, pour permettre la fuite.

La route de Montmélian fut transformée en un torrent jaune, épais, qui charriait les blocs, les planches, entraînant tout ce qui se trouvait sur son passage.

Dans la montagne, les matériaux en mouvement s'entrechoquaient et faisaient un bruit qui ressemblait à une lointaine fusillade. A chaque instant les dégâts augmentaient. Les autorités prévenues télégraphiquement ne purent qu'assister impuissantes à un aussi épouvantable désastre.

Une compagnie de ligne, en garnison à Montmélian, accourut et procéda au sauvetage des bestiaux et du mobilier des malheureux habitants. 55 maisons furent évacuées. La population dut aller chercher un abri dans les communes voisines à Montmélian, à Cruet, à Francin.

Enfin la pluie cessa et le courant de lave suspendant sa marche laissa partout, comme trace de son passage, la ruine et la désolation.

Le chenal Ouest n'avait heureusement donné aucune coulée; le désastre eût été irrémédiable, si son action s'était jointe à celle du chenal Est.

L'examen du terrain, auquel il fut procédé immédiatement, ne permettait malheureusement pas de prévoir la fin de tant de maux : la berge droite de la combe, toujours fort escarpée, demeurait menaçante, et le 9 février 1892, une tempête de pluie et de neige s'étant abattue sur la vallée de l'Isère, une tranche de terrain complètement boisée s'effondra, précipitant vers les régions inférieures 20,000 mètres cubes de nouveaux débris.

Enfin, le vendredi 25 mars 1892, 15,000 mètres cubes se détachèrent encore de l'angle supérieur Ouest de la combe. Cette masse, tombant de 700 mètres de hauteur, balaya tout devant elle, fit réapparaître la roche sous-jacente cachée depuis le 18 octobre 1891; blocs et terres animés d'une vitesse considérable franchirent l'ancien cône d'éboulis et ne s'arrêtèrent qu'à 100 mètres des premières maisons du village.

Les causes du premier éboulement peuvent être attribuées à la fois à la nature du terrain, à la présence de la source de Pierre-Combet et à la pente excessive.

Les boues glaciaires, les pierrailles et les blocs entassés formaient un sol sans cohésion; reposant sur un plan incliné à 103 p. 100, parfaitement lisse et poli, ce sol devait avoir fatalement une tendance à glisser, aussitôt que des infiltrations un peu abondantes auraient adouci le frottement, tout en augmentant le poids de la masse.

Après la première chute des matériaux, les berges sont demeurées vives avec des pentes bien supérieures à celle du talus naturel des terres, vers lequel elles devaient tendre nécessairement sous l'action de la pesanteur, aggravée par l'influence des agents atmosphériques. Des éboulements secondaires devaient aussi, à bref intervalle, succéder au premier choc, puisque, outre l'exagération de la pente des berges, les parties de la forêt de Montmélian avoisinant l'éboulement, étaient complètement ébranlées. De nombreuses crevasses, où s'infiltraient les eaux, témoignaient de l'effort et des dislocations subis par ces terrains, lors de l'arrachement déterminé par le glissement initial du 14 mai 1891. Tous les éboulements secondaires se manifestant par l'effondrement de bandes de terrain se détachant de la masse, suivant des lignes parallèles à la berge, on pouvait redouter de voir le mal s'étendre et gagner peu à peu, en détruisant la forêt de Montmélian, jusqu'au moment où il ne serait plus resté que la roche dénudée.

D'autre part, ces chutes successives de matériaux suscitaient d'autres craintes non moins graves. Les eaux tombées dans la combe, creusée au flanc de la montagne, arrivant dans le cône d'éboulis, devaient pour en sortir s'y percer un chenal et pour cela transporter les déblais, sous forme de laves, dans les vergers et même dans les rues du village.

Devant la perspective d'une succession pour ainsi dire ininterrompue d'éboulements et de laves, il ne serait plus resté aux malheureux habitants d'Arbin, de salut que dans la fuite et l'émigration.

Les crues d'août et de décembre 1891 suffisaient à elles seules pour justifier cette résolution.

Si, en effet, on fait la récapitulation des dégâts qu'elles ont causé, on trouve que 50 propriétaires ont été touchés; 24 ont eu leurs maisons envahies par la lave, leur mobilier détérioré, et les 26 autres ont vu leurs terres ravagées, recouvertes d'une épaisse couche de blocs, de pierrailles et de boue.

Une estimation très modérée des dommages subis en a fixé la valeur à 35,000 francs.

Devant une pareille situation, l'Administration des eaux et forêts n'hésita pas à assumer la tâche de combattre le fléau. Elle y fut aidée par le concours financier du département de la Savoie et des communes d'Arbin et de Montmélian.

Les travaux, entrepris dès 1892, eurent pour but principal :

1° D'assurer la fixation des terres dans la montagne;

2° D'assurer le libre écoulement des eaux sur le cône d'éboulis, en empêchant la formation des laves.

Mais avant de procéder à l'exécution des ouvrages de consolidation et de restauration, il fallait permettre l'accès de la combe, tant à l'entrepreneur et à ses ouvriers, qu'aux agents de l'Administration chargés de la direction et de la surveillance.

Il n'existait en effet, dans les bois communaux de Montmélian, qu'un étroit sentier escarpé, souvent interrompu par les ronces et les rejets du taillis et sans communications avec les chemins des Calloudes et de Mollard-Portier, desservant le cône d'éboulis.

Le chemin de Mollard-Portier, avec des rampes assez fortes, se rapprochait beaucoup du sommet des cultures et il suffisait de quelques lacets pour l'amener à la lisière du bois. Ce tracé fut adopté; le chemin rectifié fut prolongé avec une pente de 15 p. 100 et une largeur de 1 m. 50 jusqu'à la rencontre de l'ancien chemin forestier. Celui-ci, ramené à une pente plus régulière, devint un chemin muletier, aboutissant au plateau de Sorplat, après un parcours de 3,128 mètres.

Un sentier nouveau, ayant 0 m. 75 de largeur et 15 p. 100 de pente, fut ouvert à partir de ce plateau et, passant au-dessus de l'éboulement, vint par plusieurs lacets toucher le côté gauche de la combe et rejoindre le chemin de Mollard-Portier, après avoir traversé le cône de déjection. Divers autres sentiers perdus permirent l'accès des pépinières ou des falaises abruptes de la berge droite. Ouverts en 1892 et 1893, leur développement total atteignait 6,070 mètres.

Les éboulements continuels qui se produisaient dans la combe ne permettaient pas de s'y aventurer sans danger et il eût été de la plus extrême imprudence d'y installer un chantier. Aussi dût-on se résoudre, dès l'abord, à précipiter les matériaux instables et à taluter la berge droite trop escarpée. Ce travail dangereux fut exécuté par des ouvriers suspendus à de longues cordes, qui seules les empêchaient de rouler dans l'abîme s'ouvrant sous leurs pieds. Le cube total des matériaux ainsi déplacés pendant les années 1892 et 1893 s'est élevé à 17,559 mètres cubes.

Les travaux de fixation proprement dits commencèrent immédiatement après. Il importait tout d'abord d'arrêter les infiltrations provenant des précipitations atmosphériques et de capter les sources dont les eaux détrempaient le sol, en augmentant sa densité et en facilitant le glissement sur le plan incliné et lisse constitué par la roche en place.

Ce résultat a été atteint en ouvrant 951 mètres de drains de premier ordre ayant 1 m. 50 d'ouverture en gueule, 0 m. 70 de largeur au fond, 2 mètres de profondeur moyenne et 1,593 mètres de drains de second ordre, dont les dimensions principales étaient 0 m. 80 d'ouverture, 0 m. 40 au fond, 1 mètre de profondeur moyenne. Ces fossés étaient munis, à la partie inférieure, d'un pavage de 0 m. 10 d'épaisseur minima, disposé en forme de cuvette. Afin d'éviter qu'ils ne fussent comblés et mis hors d'usage par la chute de leurs parois terreuses, on a pris soin de les remplir de pierres de toutes dimensions, les plus grosses dans le fond, en ménageant un passage pour faciliter l'écoulement des eaux.

Dans la partie moyenne de l'éboulement, jusqu'à l'origine du cône de déjection, on a établi des drains d'un troisième type, à dimensions réduites, le but de ces fossés n'étant plus de capter des sources, mais simplement de recueillir les eaux atmosphériques avant qu'elles aient pénétré dans le sol nu et encore meuble. Ces drains n'ont que 0 m. 50 de profondeur; on en a ouvert 2,394 mètres pendant l'année 1893.

Les drains de premier ordre suivent la ligne générale du thalweg de la combe; ceux de deuxième ordre, installés dans les berges, suivent les lignes de plus grande pente locales. Ils se greffent sur les premiers drains sous un angle plus ou moins aigu et sont disposés comme les nervures d'une feuille. Des regards établis de distance en distance permettent de vérifier le bon fonctionnement du système et la quantité d'eau qui s'écoule.

Enfin, à l'origine amont du cône d'éboulis, un grand fossé collecteur, ayant les dimensions d'un drain de premier ordre, et disposé en plan suivant la forme d'un V très ouvert, reçoit toutes les eaux amenées des régions moyennes et supérieures pour les déverser au sommet de son angle dans le chenal ouvert au milieu des déjections.

Ce chenal, presque rectiligne et dirigé du nord au sud, présente, sur une longueur de 450 mètres, des pentes excessives atteignant et dépassant même 100 p. 100. Les eaux rencontrant ensuite un plateau à faible pente formé par les éboulis, se jettent vers l'est par un coude brusque et gagnent le bord oriental du cône qu'elles suivent jusqu'au chemin des Calloudes. Lancées librement sur un lit formé de matériaux meubles à pente excessive, elles l'affouillaient profondément et venaient ensuite déposer dans les vignes bordant le bas du cône, les boues et les pierrailles arrachées sur leur parcours.

Pour remédier à ce fâcheux état de choses, on établit en 1893, dans la portion du chenal naturel présentant les inclinaisons les plus fortes, 18 barrages rustiques de 2 m. 50 de hauteur totale sur l'axe. Les chutes ainsi créées eurent pour effet de réduire la vitesse d'écoulement et la puissance d'affouillement des eaux, en même temps que les atterrissements des barrages jouaient le rôle de cales vis-à-vis des deux berges meubles. En certains endroits où le lit naturel n'était pas assez profond, on dut creuser un lit artificiel, d'une longueur totale de 150 mètres.

Au lieu de laisser les eaux divaguer sur le cône d'éboulis et menacer ensuite les propriétés situées à l'est, un canal rectiligne fut ouvert de main d'homme, sensiblement dans le prolongement du chenal, supérieur et vint aboutir au chemin des Calloudes. Ce canal, d'une longueur de 336 mètres, a 1 mètre de largeur au fond, une profondeur minima de 1 m. 30 et des talus inclinés à 45 degrés.

Comme on pouvait encore craindre un affouillement du lit nouveau, 24 seuils en pierre sèche y furent installés; et pour empêcher les eaux de reprendre leur ancien cours, l'origine du canal fut munie d'un perré en pierre sèche de 0 m. 50 d'épaisseur, de 4 mètres de longueur et de même débouché que le canal. Les déblais provenant de l'exécution de cet ouvrage furent jetés dans l'ancien lit, de manière à rendre impossible tout retour des eaux.

Tous ces travaux furent achevés en 1894; depuis lors, on n'a exécuté aucun nouvel ouvrage de correction; on s'est borné à entretenir les ouvrages existants.

Pour arriver à s'affranchir de cet entretien coûteux et pour obtenir des résultats définitifs dans la consolidation du sol, il fallait couvrir d'un manteau de végétation toute la surface de l'éboulement. Aussi, dès 1892, a-t-on exécuté dans la partie supérieure de la combe des semis de graines fourragères. Malheureusement, le succès n'a pas été aussi complet qu'on eût pu l'espérer; les sécheresses exceptionnelles de 1892 et 1893 ont détruit toutes les lignes herbacées du côté gauche de l'éboulement. Celles de la berge droite, exposées à l'est, mieux protégées aussi par les taillis de chêne qui les dominaient, sont encore en bon état aujourd'hui et, par la dissémination naturelle de leurs graines, étendent de plus en plus un tapis de verdure au milieu des surfaces arides et désolées.

En 1895, de nouveaux enherbements ont été exécutés sur une superficie de 8 hectares, dans la partie moyenne de l'éboulement; ils ont bien résisté en général.

En même temps, on effectuait des plantations de résineux, pins sylvestres et pins à crochets, et de boutures de saule et de peuplier.

Ces plantations, poursuivies de 1893 à 1899, ont porté sur 26 hectares et ont donné lieu à l'emploi de 47,000 pins sylvestres, 68,000 pins à crochets, 15,000 boutures de saule et 15,000 boutures de peuplier.

En 1894 et 1895, on a parcouru le cône d'éboulis, soit environ la moitié des surfaces à traiter; la réussite a été presque complète. Les jeunes pins de cette époque ont actuellement une hauteur de 30 à 60 centimètres; la pousse de 1899 a atteint 20 centimètres. Quant aux boutures, elles ont trouvé dans la masse terreuse, encore un peu meuble, la fraîcheur nécessaire et ont prospéré avec une telle vigueur, qu'il n'est pas rare de trouver des rejets élancés de 3 mètres de haut et plus encore.

On peut donc espérer que dans peu d'années, la plaie béante ouverte dans le flanc de la montagne de la Roche-du-Guet aura disparu complètement et que seul un vigoureux peuplement, mélange de feuillus et de résineux, marquera la place des éboulements de 1792 et de 1891.

Dès 1893, d'ailleurs, tout transport de matériaux a été arrêté et le village d'Arbin s'est trouvé, grâce aux travaux exécutés, à l'abri des graves dangers qui le menaçaient. Le résultat obtenu a été des plus complets et des plus rapides, et ne laisse prise à aucune inquiétude.

La dépense totale des travaux de toute nature s'élevait, au 31 décembre 1899, à 37,734 francs, chiffre bien faible si on le compare à l'importance des dégâts causés par le premier éboulement et à l'importance bien plus grande de ceux qui étaient imminents.

L'éboulement du Bec-Rouge. — L'éboulement d'Arbin, ainsi qu'on l'a vu, n'aboutissait pas à un torrent, et par suite, sa consolidation était relativement aisée.

Il n'en est pas de même de l'éboulement du Bec-Rouge, commune de Sainte-Foy, arrondissement de Moutiers (Savoie), que nous citerons comme exemple du deuxième cas, alors que la base des matériaux éboulés est sapée par un torrent.

D'après les anciens du pays, le versant Ouest de la montagne du Bec-Rouge (ou montagne de la Molluire) était autrefois recouvert par une belle forêt d'épicéas, et le sommet, situé à 2,500 mètres d'altitude, présentait l'aspect d'un petit plateau rocheux de 50 mètres de longueur sur 80 mètres de largeur environ.

Les bancs de roche éruptive, dont cette montagne est formée, étant disposés à peu près verticalement, il en est résulté que les eaux provenant des pluies et surtout des neiges se sont infiltrées entre leurs plans et que, sous l'action du gel et du dégel, il y a eu

une expansion qui s'est manifestée d'abord à la surface par des crevasses séparant les bancs les uns des autres.

Chaque année, ces crevasses ou fentes se sont agrandies, en
même temps qu'il s'en produisait de nouvelles, et cette situation a
duré jusqu'au moment où, l'équilibre étant rompu, les bancs inférieurs se sont séparés de la masse et ont été précipités jusque dans
le torrent du Nant de Saint-Claude, qui coule à la base de ce
versant.

C'est au mois de mai 1877 que se manifestèrent les premières
chutes de blocs.

Des témoins de ce phénomène racontent encore aujourd'hui, avec
une émotion communicative, le spectacle effrayant auquel ils ont
assisté.

Des bancs de rochers, cubant quelquefois plusieurs centaines de
mètres, se détachaient tout à coup de la montagne et se précipi-
taient dans le versant, dont la pente est d'environ 80 p. 100, avec
une vitesse toujours croissante.

Dans leur parcours du sommet à la base de la montagne, ces
bancs, se divisant en blocs et en fragments de toutes grosseurs, produisaient par leurs chocs réciproques un bruit terrifiant.

En moins d'une semaine, tout le versant Ouest du Bec-Rouge
fut ruiné de fond en comble, et finalement recouvert par la masse
énorme de matériaux qui se détachaient de la montagne.

Les cultures du hameau du Miroir furent recouvertes de blocs;
deux maisons furent détruites, et les habitants épouvantés durent
chercher un refuge dans les localités voisines.

Cependant, cet éboulement ne changea pas tout d'abord le ré-
gime du torrent du Nant de Saint-Claude, les très gros blocs ayant
seuls une force d'impulsion suffisante pour arriver jusque dans son
lit. Mais peu à peu, les dépôts s'accumulant les uns sur les autres,
le pied de l'éboulement s'étendit et finit par atteindre jusqu'au
torrent lui-même. De plus, ainsi que nous l'avons déjà constaté au
sujet d'Arbin, des ravinements considérables se produisirent sur

toute la surface du terrain dénudé, au milieu des terres meubles, qui furent entraînées par les eaux et vinrent se déposer dans le lit du Nant de Saint-Claude.

Aussi, le 30 août 1882, à la suite d'une pluie violente, ce torrent, jusqu'alors inoffensif, attaqua le pied de l'éboulement et charria, sous forme de laves successives, jusque dans la plaine de l'Isère, une masse de matériaux dont le volume atteignait 200,000 mètres cubes.

Les cultures du hameau de Champet, ainsi que les habitations, furent sérieusement endommagées et l'Isère, démesurément grossie par les apports du torrent, causa des dégâts importants sur tout son parcours en Tarentaise.

Le 16 septembre 1883, une crue, plus forte encore que celle du 30 août précédent, produisit une lave formidable qui engloutit jusqu'à la hauteur du premier étage les maisons du Champet, et déposa une épaisseur de plusieurs mètres de matériaux de tous calibres sur 4 hectares de prés estimés ensemble 60,000 francs.

En 1884, tous les propriétaires de cette malheureuse région se mirent courageusement à l'œuvre et effectuèrent les travaux de déblaiement nécessaires pour remettre leurs terrains en état.

Malheureusement, ces efforts furent vains, car le torrent, par de nouveaux apports, recouvrit à nouveau les terrains dégagés.

C'est ainsi que les maisons du Champet ont été enlisées dans des dépôts s'augmentant sans cesse, jusqu'au jour où elles ont complètement disparu sous l'amas des déjections.

Émue par cette situation désastreuse, l'Administration des eaux et forêts avait entrepris des études dès 1885, et, en raison de l'imminence du danger, s'était mise en mesure de commencer des travaux de restauration dès 1886; mais elle fut arrêtée par les nombreuses formalités qu'exige l'application de la loi du 4 avril 1882 et ne put mettre la main à l'œuvre qu'en 1893, c'est-à-dire sept ans après que son intervention eût été jugée indispensable.

L'examen du terrain et l'état général du cours du torrent du

Nant de Saint-Claude, en amont de l'éboulement, démontrèrent *a priori* que ce cours d'eau affectait l'allure d'un ruisseau paisible jusqu'à sa rencontre avec les matériaux descendus du Bec-Rouge, et que c'était uniquement parmi eux qu'il puisait les éléments des laves qu'il charriait dans la plaine.

Il importait donc de préserver la base de l'éboulement contre les affouillements des eaux et d'élargir suffisamment le lit du torrent pour permettre aux matériaux instables de prendre une pente d'équilibre.

Ce résultat ne pouvait être atteint pratiquement que par la construction d'une série de grands barrages superposés et se prêtant un mutuel appui.

Le premier de ces barrages fut installé un peu en aval des berges instables; devant servir de base à la correction, il était en effet indispensable qu'il fût mis complètement à l'abri des pressions énormes qu'exercent toujours les glissements sur des ouvrages de cette nature, pressions qui ont pour effet de disloquer les maçonneries et, par suite, de diminuer dans de très grandes proportions la force de résistance des barrages.

Construit en 1893, il a eu pour effet de relever et d'élargir considérablement le lit du torrent, en emmagasinant à son amont près de 100,000 mètres cubes de matériaux.

Au moyen de redressements du lit, le cours des eaux a été dirigé ensuite vers le centre de l'atterrissement et les berges mises à l'abri de tout affouillement.

Enfin, les matériaux de l'éboulement trouvant un point d'appui stable sur l'atterrissement du barrage, s'y accumulèrent et modifièrent peu à peu la pente du versant que des travaux ultérieurs viendront consolider ensuite définitivement.

En 1896, puis en 1898, deux nouveaux barrages furent élevés à l'amont du premier et complétèrent son action. Créant des chutes, ils annihilent la vitesse d'écoulement des eaux et, par suite, leur puissance d'érosion. D'autre part, la différence de niveau, rachetée par ces chutes, procure une importante diminution de la pente moyenne du profil en long.

Enfin, par leur présence et par les matériaux accumulés à leur amont, ils permettent de maintenir un nouveau relèvement et un nouvel élargissement du lit.

Deux ou trois grands barrages restent encore à construire, et le pied de l'éboulement pourra être considéré comme définitivement à l'abri de tout affouillement. On rentrera alors dans le premier des cas que nous avons examiné.

Il n'y aura plus qu'à assurer aux eaux qui tombent sur l'éboulement un écoulement rapide, sur un lit inaffouillable, et à créer de toutes pièces une nouvelle forêt qui sera le préservatif le plus efficace pour l'avenir.

Ainsi que nous l'avons déjà indiqué, les glissements, avec ou sans éboulements, constituent, en général, la partie la plus active, la plus dangereuse des torrents; et la quantité de matériaux qu'ils fournissent pour alimenter les laves est presque toujours infiniment supérieure à celle provenant du seul décapage des terrains dénudés.

CHAPITRE III.

CONSIDÉRATIONS SUR LES BARRAGES.

Que ces glissements présentent des étendues plus ou moins considérables, les méthodes générales que nous avons rapidement tracées permettent toujours d'arriver à leur consolidation. Dans presque tous les cas, on devra commencer par recourir à l'action de barrages en pierres, dont l'importance variera en même temps que celle du torrent à corriger.

Sans vouloir revenir en rien sur les considérations théoriques et pratiques exposées dans les ouvrages déjà cités de MM. Demontzey et Thierry au sujet des barrages, il nous paraît intéressant d'indiquer le résultat de quelques expériences tentées par M. l'inspecteur adjoint Béraud, ainsi que par plusieurs de ses collègues, en Savoie.

Barrages rustiques en gros blocs. — Des seuils rustiques devant être exécutés pour arrêter l'affouillement du lit, dans le torrent du Nant-Agot, commune de Villette, département de la Savoie, il fut décidé que l'on emploierait, sans les briser, tous les gros blocs, de quelque volume qu'ils soient. qui se rencontraient en assez grand nombre à proximité de l'emplacement des ouvrages.

Cette tentative devant servir d'expérience, les travaux furent exécutés en régie. Les outils employés pour la manœuvre de ces blocs, dont quelques-uns atteignaient un volume de 4o mètres cubes, se composaient uniquement de crics d'une force normale de 8,000 kilogrammes, d'une hauteur de o m. 75, du poids de 70 kilogrammes, et de leviers en fer mesurant 3 mètres de longueur et pesant chacun 5o kilogrammes.

Il fut constaté que chaque cric était susceptible de faire tourner sur une de ses arêtes un bloc pesant environ 4o,ooo kilogrammes, et que chaque levier, manœuvré par deux hommes, pouvait soulever pratiquement un poids de 5,000 kilogrammes.

A l'aide de trois crics et de deux grands leviers en fer, on put construire des seuils cubant 100 mètres et formés de trois blocs seulement.

La manœuvre est d'autant plus difficile, que la pente du terrain est plus forte. Ainsi, la mise en place de blocs de volume à peu près égal coûte beaucoup plus cher dans les endroits à pente raide que dans les endroits à pente faible.

La fouille de l'ouvrage à construire étant préparée de façon à se trouver toujours située plus bas ou au même niveau que les matériaux à employer, et jamais à un niveau supérieur, on attaque chaque bloc au moyen de crics et de leviers de façon à le pousser peu à peu vers le lieu d'emploi, mais en évitant avec le plus grand soin de lui imprimer un mouvement de rotation. C'est ainsi que, lorsqu'on manœuvre un bloc de forme arrondie, il est nécessaire de se servir de madriers pour le faire glisser; et encore sa mise en place coûte-t-elle plus du double de celle d'un bloc à faces planes.

Les plus faciles à manœuvrer sont ceux qui ont une forme allongée; à poids égal, ils exigent le minimum d'effort.

L'emploi de crics ne devient nécessaire que pour les pierres d'un volume supérieur à 4 mètres cubes; dans ces conditions, et en estimant à o fr. 3o l'heure d'un ouvrier, on a trouvé que le prix de revient pouvait être fixé ainsi qu'il suit pour chaque mètre parcouru :

Bloc de 1 mètre cube........................	0^f 60^c
Bloc de 2 mètres cubes.....................	0 75
Bloc de 3 mètres cubes.....................	1 15
Bloc de 4 mètres cubes.....................	1 50

A partir de 5 mètres cubes, la manœuvre ne peut se faire qu'à l'aide de crics et de leviers combinés.

Le prix de revient en est fort variable; on peut toutefois admettre comme moyenne que chaque mètre de distance parcouru coûte o fr. 5o par mètre cube; soit un prix de 2 fr. 50 pour un bloc de 5 mètres cubes, et de 15 à 20 francs pour un bloc de 30 mètres cubes.

D'une manière générale, il est possible de manœuvrer des pierres cubant jusqu'à 30 mètres; mais au delà de ce volume, ce n'est que dans des conditions particulières que l'on peut tenter l'opération.

Une fois amenés à pied d'œuvre, les blocs sont travaillés grossièrement à la masse, de façon à faire disparaître les angles trop saillants dans les parements.

Sur les côtés, les joints sont préparés à la grosse pointe, pour assurer une bonne juxtaposition des matériaux.

Quand, pour donner à un ouvrage sa forme définitive, on doit recourir à l'emploi accessoire de matériaux de moindres dimensions, on pratique dans les gros blocs des encastrements de 0 m. 10 de profondeur.

L'emploi de ces gros matériaux dans les barrages présente de sérieux avantages, et l'on ne saurait trop préconiser l'extension de ce mode de construction.

Les ouvrages ainsi établis résistent aux chocs des gros matériaux provenant des berges sans être endommagés; ils fixent le lit du torrent dans le sens du profil en long, et donnent aux berges un appui stable.

De plus, ils coûtent moitié moins cher que les barrages rustiques ordinaires; mais, dans les conditions habituelles où il se présente, le maniement de ces blocs est très délicat et exige l'emploi d'ouvriers jeunes, forts et adroits, seuls capables d'éviter des accidents redoutables toujours à craindre.

Barrages fondés sur voûte. — L'un des plus graves dangers qui menacent les barrages consiste dans l'affouillement qui, se produisant à leur pied, met à nu leurs fondations et, par là, provoque leur effondrement. Il a semblé qu'on pourrait y remédier dans bien des cas en élevant le barrage sur une voûte dont les culées, installées dans les berges, seraient beaucoup moins exposées aux affouillements.

Tout d'abord, on a estimé indispensable, pour avoir toute sécurité, de ne fonder ces culées que sur des assises rocheuses. C'est dans ces conditions qu'à été élevé, en 1888, le barrage de Saint-Ruph, arrondissement d'Annecy (Haute-Savoie), et, en 1890, le grand barrage de Reninges, arrondissement de Bonneville (Haute-Savoie).

Depuis lors, on a donné une certaine extension à ce mode de fondations, qui a été employé notamment en 1897 et 1898 dans les torrents de l'Arbonne (affluent du Nant Blanc) et de Reclus, arrondissement de Moutiers (département de la Savoie).

Dans l'Arbonne, la voûte qui supporte chaque ouvrage est représentée en élévation par une portion d'arc de cercle de 4 mètres de corde pour 1 mètre de flèche, ce qui correspond à un rayon de 2 m. 50.

Les naissances de chaque voûte sont disposées sur un même plan horizontal et s'appuient sur des dés en maçonnerie, quand le roc de la berge est très friable ou désagrégé.

Les voussoirs des parements ont tous été travaillés à la grosse pointe et appareillés; ceux du restant de la voûte ont été simplement taillés sur leurs faces latérales.

Tous ces ouvrages sont actuellement atterris; aucun d'eux n'a donné lieu à la moindre réparation, et cependant les barrages de Saint-Ruph et de Reninges ont eu à supporter l'effort de crues considérables et de laves charriant des blocs volumineux.

On peut dire, d'une façon générale, d'après l'expérience faite, que les barrages construits sur voûte présentent, au point de vue de la solidité, de sérieux avantages sans qu'on ait constaté aucun inconvénient à ce mode de fondations.

Le vide laissé sous le barrage n'est pas un obstacle à la production de l'atterrissement. Il suffit de l'obstruer, après achèvement, par une maçonnerie grossière en pierre sèche ou même par quelques pièces de bois disposées de façon à permettre aux eaux de s'écouler tout en retenant les pierres et les graviers.

D'autre part, ces ouvrages coûtent moins cher que ceux fondés, comme il est d'usage de le faire, sur des massifs en maçonnerie. La dépense occasionnée par l'achat d'un gabarit pour soutenir la voûte en construction et par la taille des voussoirs atteint à peine une somme de 5o à 6o francs, qui serait absolument insuffisante pour payer les frais de dérivation du torrent. On économise donc, dans la plupart des cas, la valeur des fouilles et du massif de maçonnerie des fondations et l'on n'a plus à redouter les crues subites venant combler des fouilles prêtes à être maçonnées.

Barrages en maçonnerie mixte. — Dans les Alpes, on a construit un grand nombre de barrages en maçonnerie mixte, c'est-à-dire que, par mesure d'économie, on n'a établi en maçonnerie de mortier que le parement aval et le couronnement de ces ouvrages, sur une épaisseur variant entre o m. 8o et 1 mètre, et que, pour. le surplus, on a fait usage de maçonnerie de pierre sèche.

Cette disposition, qui ne présente pas d'inconvénient dans quel-ques cas, et notamment quand les barrages sont atterris par une crue unique, est cependant assez dangereuse. Il arrive fréquemment qu'une petite crue ayant momentanément obstrué l'aqueduc qui sert à l'écoulement des eaux du torrent, il se forme un lac en amont du barrage. La pression exercée par la masse d'eau accumulée se transmet intégralement à travers la maçonnerie de pierre sèche jusqu'au revêtement en maçonnerie de mortier, dont l'épaisseur est manifestement insuffisante; suivant la valeur de la pression, ce re-vêtement cède plus ou moins complètement, provoquant toujours des dégâts importants qui compromettent très gravement la solidité du barrage.

Enfin, le défaut d'homogénéité des deux maçonneries encastrées l'une dans l'autre occasionne aussi quelquefois des fissures dange-reuses, surtout dans les très grands ouvrages.

Plusieurs solutions pourraient être tentées : la première, qui pa-rerait au premier des inconvénients signalés, consisterait à placer la maçonnerie de mortier à l'amont des barrages, de telle sorte que la pression des eaux serait toujours supportée par la masse entière de chaque ouvrage.

Il n'en résulterait aucun supplément de dépense.

En Savoie, dans le torrent d'Arbonne, on a essayé d'un autre système, consistant à obstruer tous les vides de la maçonnerie de pierre sèche avec de la terre argileuse; à côté de la maçonnerie de mortier, on a fait de la maçonnerie de *terre argileuse*. Il en est résulté un supplément de dépense de 1 franc par mètre cube, mais on a acquis la certitude que la pression des eaux s'exerçait sur la masse entière du barrage et non pas seulement sur son revêtement en maçonnerie de mortier.

Mais aucune de ces solutions ne pare à l'inconvénient du défaut d'homogénéité; aussi semblera-t-il prudent de recommander de supprimer toute espèce de maçonnerie mixte, dès que la hauteur totale des ouvrages atteindra une certaine importance, que l'on peut fixer, en pratique, à 5 ou 6 mètres.

Observations sur les barrages s'appuyant sur une berge instable. — Quels que soient leur mode de construction, les matériaux dont ils sont constitués, les barrages ne peuvent d'ailleurs jamais résister à la pression que les berges en glissement exercent latéralement sur eux. Une expérience décisive a été tentée à ce sujet, dans le torrent de Saint-Martin-la-Porte en 1897.

Le barrage portant le numéro 3, construit dans ce torrent en 1891, à l'altitude de 1,450 mètres, était en maçonnerie mixte. Il mesurait :

Hauteur totale sur l'axe............................		8ᵐ50
Hauteur au-dessus du lit..........................		6 00
Cuvette.........	Longueur..................	20 00
	Flèche...................	2 00
Épaisseur sur l'axe.	Au couronnement.........	2 40
	A la base...............	4 10

Sous la poussée incessante de la berge gauche, tout entière en mouvement, il subit des dislocations considérables et, en 1896, il était menacé d'une ruine prochaine. Son rôle important dans la correction générale du torrent nécessitant son rétablissement, il fut décidé, en 1897, d'élever à sa place un ouvrage rectiligne en maçonnerie de mortier aussi homogène que possible. Pour qu'aucune différence ne subsistât entre le couronnement et le parement, le tout fut fait en moellons smillés et les dispositions prises pour que les matériaux qui dessinaient l'arête du débouché continuent sans interruption les assises du parement.

Néanmoins, l'hiver 1897-1898 ayant été doux et pluvieux, la berge gauche, détrempée par les eaux, continua son mouvement, et au printemps la poussée fut telle, que l'aile droite du barrage se trouva complètement soulevée, dans toute la partie correspondant au débouché, c'est-à-dire dans celle où la maçonnerie ne trouvait pas de point d'appui immédiat.

Dès l'été de 1899, on put constater que quelques matériaux, qui cependant étaient du calcaire compact, s'écrasaient dans le corps même du barrage et, actuellement, on ne peut plus douter que cet ouvrage, qui avait une épaisseur de 4 m. 10 à la base, de 2 m. 40 au couronnement, pour une hauteur totale de 8 m. 50, et une longueur de 28 mètres, soit incapable de résister à la pression, malgré les soins apportés à sa construction, malgré l'homogénéité de sa maçonnerie.

Il faut donc renoncer d'une façon absolue à appuyer des barrages contre des berges instables; on devra toujours, dans la pratique, chercher un point d'appui fixe à l'aval des terres en mouvement, et n'élever les barrages que progressivement en les appuyant sur les terres consolidées par l'ouvrage immédiatement inférieur.

Si, cependant, dans des circonstances tout à fait exceptionnelles, il était indispensable d'encastrer un barrage dans une berge en mouvement, son épaisseur devrait être fortement augmentée; les ailes, en particulier, devraient être renforcées, ce que l'on obtiendrait aisément en faisant le parement amont rectiligne et donnant une certaine courbure au parement aval. Mais, même dans ces conditions, le résultat serait incertain et on ne doit s'y résoudre qu'après une étude approfondie du terrain et la constatation absolue qu'il est totalement impossible de trouver un point d'appui stable.

J. — Le glissement du Sécheron en 1887.

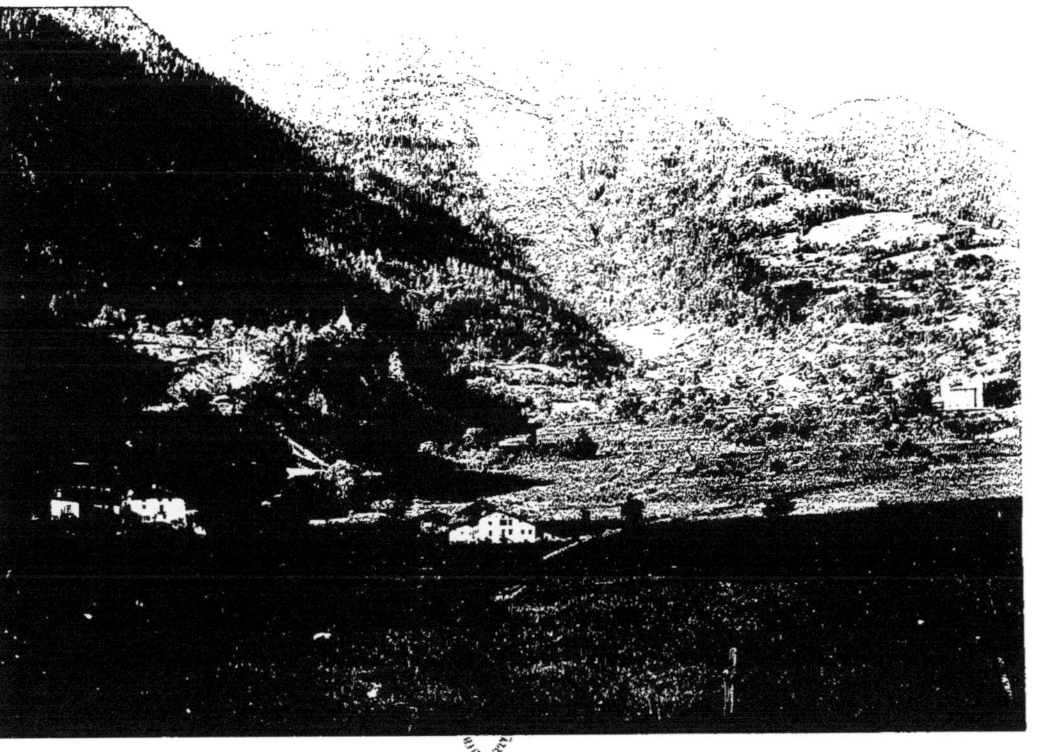

II. — Le glissement du Sécheron en 1897.

III. — Orifice aval des drains du Sécheron, montrant leur disposition intérieure.

IV. — TORRENT DE SAINT-JULIEN. Ensemble du glissement de Montdenis.

V. — Le Canal de la Biaillère, au-dessus du glissement de Mont-Denis.

VI. — Torrent de St-Julien. Gorge rocheuse où a été établi le barrage de dérivation.

VII. — Glissement de Mont-Denis, type des drains.

VIII. — TORRENT DE NANT TROUBLE. Les barrages n[os] 1 et 1¹.

IX. — TORRENT DE NANT TROUBLE. Redressement du lit entre les barrages 3² et 3³.

X. — GLISSEMENT DU BEC-ROUGE. Gros blocs précipités dans le lit du torrent du Nant de Saint-Claude.

XI. — Éboulement du Bec-Rouge. La base de l'éboulement rongée par le torrent
du Nant de Saint-Claude.

XII. — Torrent de l'Arbonne. Barrages fondés sur voûte.

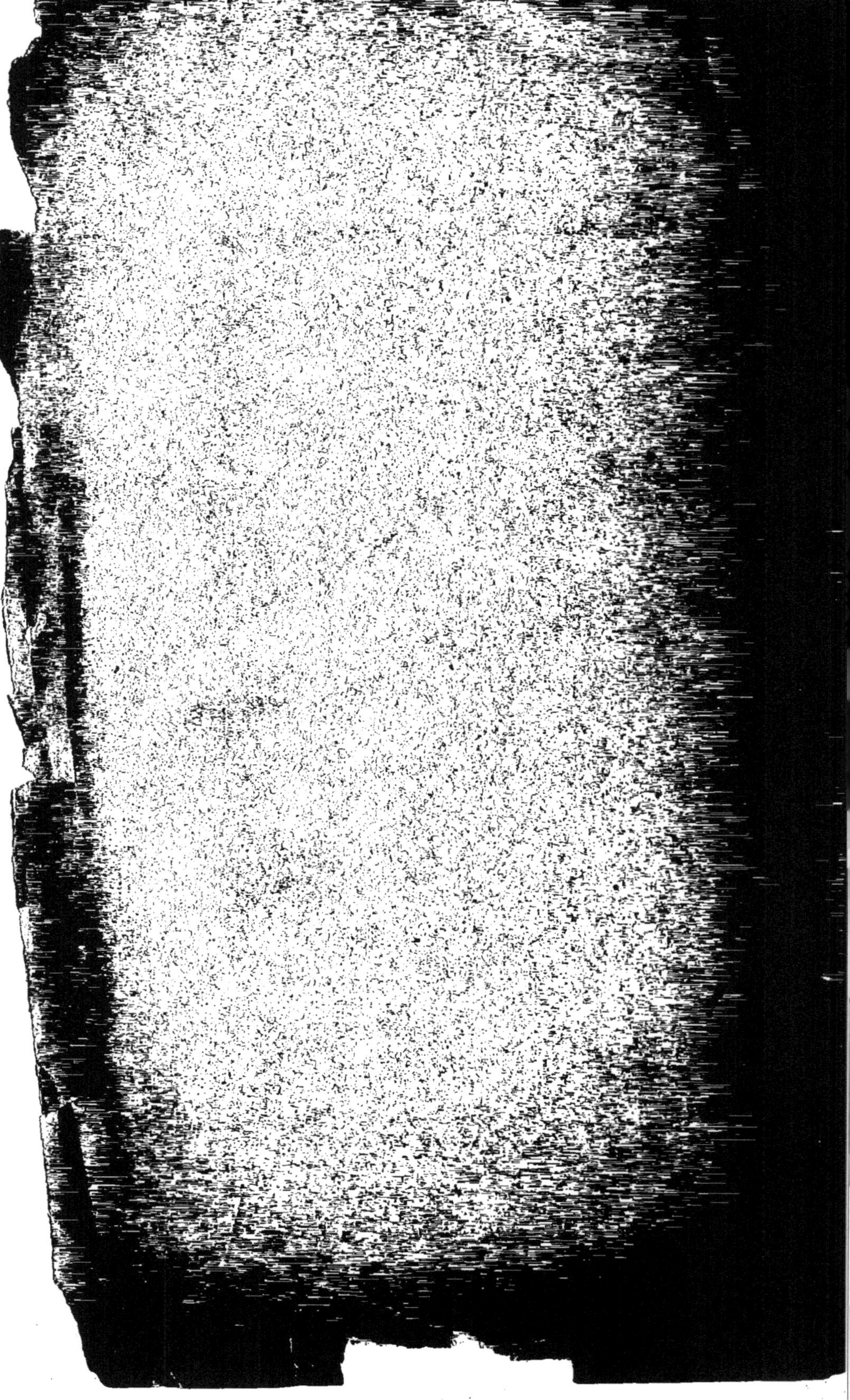